国家林业局普通高等教育“十三五”规划教材

木材生产技术与森林环境保护

赵 康 编

中国林业出版社

内 容 简 介

本教材在介绍森林可持续经营理论的基础上，系统介绍了木材生产的主要作业过程，包括采伐规划、采伐、集材、造材、装车归楞、林地清理、更新恢复、林区道路修建等主要环节。重点突出了在木材生产中如何把木材生产与森林环境保护和森林恢复结合起来，使森林资源在生态优先的原则下，既发挥其生态效益又能产生经济效益。

本教材可作为森林工程专业和其他林业工程类相关专业的教科书，也可供其他林业行业从业人员学习参考。

图书在版编目(CIP)数据

木材生产技术与森林环境保护/赵康编. - 北京：中国林业出版社，2016.8
国家林业局普通高等教育“十三五”规划教材
ISBN 978-7-5038-8617-1

Ⅰ. ①木… Ⅱ. ①赵… Ⅲ. ①木材采运 - 高等学校 - 教材②森林 - 环境保护 - 高等学校 - 教材
Ⅳ. ①S782②S718.5

中国版本图书馆 CIP 数据核字（2016）第 164661 号

国家林业局生态文明教材及林业高校教材建设项目

中国林业出版社·教育出版分社

策划编辑：吴 卉 肖基浒 **责任编辑**：张 佳 肖基浒
电 话：(010) 83143561 **传 真**：(010) 83143561

出版发行 中国林业出版社（100009 北京市西城区德内大街刘海胡同 7 号）
E-mail：jiaocaipublic@163.com 电话：(010) 83143500
网 址：http：//lycb.forestry.gov.cn
经 销 新华书店
印 刷 北京中科印刷有限公司
版 次 2016 年 8 月第 1 版
印 次 2016 年 8 月第 1 次印刷
开 本 850mm × 1168mm 1/16
印 张 12
字 数 270 千字
定 价 28.00 元

前 言

木材具有其它材料所没有的优点，是重要的生产资料和生活资料，在生产和生活中有着广泛的用途。我国是一个木材消费大国，对于木材的需求量很大，随着城镇化进程的推进，对木材的需求量必然增加。目前，我国的木材消费对外依赖程度很高，进口木材已占消费总量的50%以上，这对国家的木材安全非常不利。从长远看，解决我国木材短缺的主要途径，还是要通过对森林资源的合理经营和合理采伐，提高国产木材的供给量，保障国家木材安全。

森林是陆地生态系统的主体，对维持陆地生态系统平衡起重要的支撑作用，对人类的生存环境有着重要的、不可替代的影响。因此，木材生产要兼顾森林的生态效益、经济效益和社会效益。其中，最重要的环节之一，就是在生产木材中保护好森林环境，使森林资源能够得到恢复和更新，能够可持续利用，可持续地发挥其三大效益。

基于以上认识，本教材以木材生产与森林环境保护为出发点，介绍了木材生产的基本技术以及与森林环境保护的关系，突出了木材生产中的森林环境保护和恢复措施。

本教材由南京林业大学赵康编写，全书共九章，主要内容包括：木材的用途与森林资源的多种效益、森林资源分布与森林经营理论、森林与森林环境、森林采伐方式与森林环境保护、伐区木材生产与森林环境保护、竹子利用与竹材生产、造材与贮木场作业、森林采伐规划设计与森林环境保护、林区道路及木材运输与森林环境保护等，涵盖了木材生产的各个环节。

本教材可作为森林工程专业和其它林业工程类专业的教学参考书，也可供有关工程技术人员参考。

本教材在编写中，参阅并引用了许多相关领域的文献资料，在此向有关作者致以衷心的感谢。由于水平有限，衷心希望广大读者对本教材的错漏之处给予指教。

编　者

2016年8月

目 录

第 1 章
木材的用途与森林资源的多种效益

1.1 木材的特点

(1)木材质量轻而强度高

木材具有质量轻而强度高的特点，其强度要远高于普通混凝土和低碳钢。与其他材料相比，木材能以较小的截面满足强度要求，同时大幅度减小结构体本身的自重，是一种优质的结构材料。

木材的力学性能存在各向异性，木材的顺纹抗拉、顺纹抗压强度及抗弯强度均较高，横纹抗剪强度也较大，但横纹抗拉和抗压强度较低。

(2)木材易于加工且加工能耗较低

木材可以锯、刨、削、切乃至钉，所以在建材、家具、装修方面更能灵活运用。如以木材加工的单位能耗为1，则水泥为5，塑料为30，钢为40，铝为70，木材加工的能耗是最低的。

此外，木制品的生产过程，无论纸浆蒸解、木质板类热压还是锯材的人工干燥等，都是在不超过200℃的温度下完成的，而铁、陶瓷制品都是在1 000℃以上高温条件下生产的，塑料制品是在近800℃高温下生产的。

(3)木材有良好的视觉特性

木材的视觉特性是指木材对光的反射与吸收以及颜色、花纹等对人的生理与心理舒适性的影响。

木材有天然的花纹、光泽和颜色、纹理美观、易于着色和油漆、装饰效果好。木材作为装饰材料，可以满足当下人类回归自然的要求，很适合作为室内装修、家具制作等的原材料。

(4)木材作为资源是可再生的

木材是当今四大材料(钢材、水泥、木材和塑料)中唯一可再生而又可以多次使用和循环使用的生物资源。林木的生长一般为10~20年，就可以采伐利用，只要采用科学的森林培育措施，采伐量不超过森林蓄积增长量，木材资源是可以持续利用的。

(5)木材可以循环利用，使用后处置方便，无污染

使用过的家具或木质建筑材料可回用于生产刨花板和纤维板，刨花板和纤维板分解得到的木质部分可作为原料制造新的板材。因此，使用木材可以达到节约环保的目的。

(6)木材有吸湿、解吸的特性，并具有良好的吸声效果

调湿性是木材这种生物材料所具备的独特性能之一，它是靠木材自身的吸湿及解吸

作用，直接缓和室内空间的湿度变化。经木材装修的住宅与未装修的住宅相比，其室内湿度变化小，更适宜居住。此外，木材能吸收反射噪声，降低室内的混响声，营造良好声环境。这些特性使木材成为室内装修的环保材料。

(7)木材导热系数较小，为热的不良导体

从材料的性能来讲，与钢筋混凝土结构比较，在同样厚度下，木质建材的隔热值比混凝土高16倍。木质材料墙体明显减轻了室外气温的影响，降低了室内温度的变化幅度，起到了保温隔热作用，大大降低了采暖、制冷能耗，节约了能源。

(8)有利于缓解温室效应

每生产1t材料，树木培育可释放氧气1 070kg，吸收二氧化碳1 470kg；而炼钢生产会释放二氧化碳5 000kg；水泥生产会释放二氧化碳2 500kg。因此，木材的使用能直接和间接地减缓温室效应，直接作用是吸收二氧化碳，间接作用是减少了水泥、钢材等高耗能材料的使用。

(9)木材作为生物质能源，可以减少化石燃料消费

利用木材直接燃烧或提炼燃料，被称为木材替代化石燃料的作用。通过木材在能源领域的利用，有利于节能降耗和减少大气污染。

1.2 木材的用途

1.2.1 建筑、室内装修

木材是传统的建筑材料，在古建筑和现代建筑中都得到了广泛应用。在结构上，木材主要用于构架和屋顶，如梁、柱、椽、望板、斗拱等。许多建筑物均为木结构，它们在建筑技术和艺术上均有很高的水平，并具独特的风格。

在国内外，木材历来被广泛用于建筑室内装修与装饰，它给人以自然美的享受，还能使室内空间产生温暖与亲切感。在古建筑中，木材更是用做细木装修的重要材料。近年来，我国木门、木地板的消耗量很大。园林建筑中也广泛使用木材。

1.2.2 家具

木制家具是生活的必需品，需求量很大。近几年，随着城镇化的发展，居住条件的改善，我国人均年消费家具逐年攀升，人均年家具消费额：2006年为27.9美元；2007年为36.1美元；2008年为51.6美元；2009年为61.8美元；2010年为75.0美元。2010年我国人均年消费家具75美元，已超过世界平均年消费50美元/人的水平，但距世界发达国家还有很大差距，如德国、美国、英国等年人均消费都在350~500美元。

1.2.3 生产纸浆和纸

木材是最主要的造纸纤维来源，它提供了世界造纸纤维需求量的90%以上。木材原料的纤维长、纤维形态好、纤维素含量高，可作高档纸的原料。针叶树中的云杉、冷杉、马尾松、落叶松、云南松，阔叶树中的杨树、桦树、桉树、枫树、榉树，都是造纸

原料。近年来，我国的人工林发展许多是为了满足造纸原料的需求，例如，广西、福建大面积发展的桉树人工林。我国纸及纸板的生产量和消费量均居世界第一位，2011 年纸和纸板的产量约为 1.12×10^{8}t；2013 年，纸的产量约为 1.03×10^{8}t。

1.2.4 坑木、木枕

坑木是指矿井里用做支柱的木料，木材的顺纹抗压、抗弯的能力均较强，适合作支柱。木枕则具有弹性好、易于加工、使用方便等优点。

1.2.5 薪材

木材作为燃料有悠久的历史，现在在许多山区仍是主要的燃料。林业上培育的薪炭林就是为了满足燃料的需求。一些树木侧枝发达，生长快，适应贫瘠的土地，适合培育为薪炭林。

木材生产中剩余的规格尺寸为长度不超过 1m，径级不大于 0.05m，以及枝丫等也可作为薪材。

以木材为燃料的生物质发电是清洁、低碳的能源，是未来清洁能源发展的方向之一。

1.2.6 包装

木材被广泛应用于工程设备的货箱和其他货物的包装材料，由于质量轻、比强度高，能增加运输工具的载量，降低运输成本。

1.2.7 文化娱乐用品和体育器材

利用木材质量轻、强度高、易于加工、有较好的视觉感受等特点，木材还被广泛应用于文化娱乐用品和体育器材，如绘图板、算盘、钢琴、吉他、乒乓球拍、积木、各种木玩具等。

1.2.8 工具、设备的配件

木材还被作为一些工具、设备的配件，如纺织梭子、各种工具、农具、农用大棚、树木支护等。

1.2.9 林化产品

从树木中还可以提炼出一些林产化工产品。木材化学物质主要包括三大主成分：纤维素、半纤维素、木素，另外还有一些天然的树脂等。主要林产化工产品包括：

(1)松香和松节油

松香是以松树的松脂为原料，通过不同的加工方式得到的非挥发性天然树脂。松香是重要的化工原料，广泛应用于造纸、油漆、橡胶、肥皂等行业。例如，橡胶工业中橡胶的乳化、软化和增塑剂，电器工业中用于制造绝缘材料等。

松节油是通过蒸馏作用或其他方法从松柏科植物的松脂所提取的液体，主要成分是萜烯。松节油主要用于各种合成化学工业，用于合成樟脑、冰片、合成香料、合成橡胶等。

松香和松节油的生产一般可以采割松脂，蒸馏加工，采脂选用的树种主要有马尾松、云南松、思茅松、湿地松、油松、黄山松等。此外，红松、华山松、樟子松和落叶松等树种也可用于采脂。我国松脂资源丰富，是松香产量最大的国家。采脂活动区主要在广西、广东、福建、江西、湖南、云南等省(自治区)，这些区域也是我国松香产业发达的地区。

(2)栲胶

栲胶是由富含单宁的植物原料经水浸提和浓缩等步骤加工制得的化工产品。单宁是栲胶的主要成分，目前主要用于鞣制皮革、锅炉的软化剂、金属的表面防腐剂、纺织印染的固色剂。栲胶可从一些树种的树皮、果实、果壳、根、茎、叶、木材等提取，如栎木、云杉的树皮。

(3)木材干馏产品

将木材置于干馏窑中，在隔绝空气的条件下加热分解出木炭的过程，叫做木材干馏。木材在干馏釜中进行热分解，可以制造甲醇、醋酸、丙酮、木焦油等化工产品。逸出的不能冷凝的挥发物是木煤气，主要成分是二氧化碳、甲烷、乙烯、氢气，可作为燃料。剩余的固体是木炭，木炭是制造活性炭的主要原料，活性炭可作为吸附剂、催化剂及载体，广泛应用于水处理、废气处理、有机合成、医药、食品等领域。如用松木为原料干馏，还可获得松节油。

(4)木材水解产品

木材等植物纤维原料所含的半纤维素和纤维素在催化剂存在下，经水、热作用分解成单糖(木糖、葡萄糖)等产物，可以再进行化学和生物化学加工，制取酒精、酵母、糠醛、木糖醇、乙酰丙酸等化工产品。

可以利用森林采伐和木材加工的剩余物为原料，在一定温度和催化剂的作用下，使其中纤维素和半纤维素加水分解成为单糖。

工业酒精主要用于化工、医药、塑料等方面。糠醛主要用于生产农药、医药、兽药、合成树脂、橡胶等生产领域，是重要的基本化工原料。木糖醇主要用于食品添加剂、涂料等。

1.3　我国商品木材的类别

商品木材指符合国家技术标准，可以在市场进行交换的木制品原料。这些原料木材可以根据需要加工成建筑装修的材料，家具、造纸原料等。商品木材可以分为以下几类：

1.3.1　圆材类商品

商品圆材包括原条和原木。

1.3.1.1　原条

树木伐倒后，只经过打枝丫而不进行造材的产品，称为原条。东北、内蒙古林区生产的原条，只作为生产原木的原料，不是商品材。而在南方林区作为商品材供应的是杉原条、马尾松原条、阔叶树原条。杉原条、马尾松原条、阔叶树原条主要用于建筑、家具、造船、采掘支架、支柱等。

1.3.1.2　原木

树木伐倒后，经过打枝(南方材有时须剥树皮)，并按照标准规定的尺寸进行造材，这种产品称为原木。原木是由原条按一定尺寸加工成规定直径和长度的木材，又分为直接使用原木和加工用原木。直接使用原木用于屋架、檩条、椽木、木桩、电杆、坑木等。加工用原木用于锯制普通锯材、制作胶合板等。特级原木用于高级装饰、装修。另外，全国各地还生产有小径原木、次加工原木、脚手架杆等商品材。

(1)原木按树种分类

一般分为针叶树材和阔叶树材。例如，杉木及各种松木、云杉和冷杉等是针叶树材；柞木、水曲柳、香樟、檫木及各种桦木、楠木和杨木等是阔叶树材。中国树种很多，因此各地区常用于工程的木材树种也各异，例如，东北地区主要有红松、落叶松(黄花松)、鱼鳞云杉、红皮云杉、水曲柳等；长江流域主要有杉木、马尾松等；西南、西北地区主要有冷杉、云杉、铁杉等。

①针叶树材。树叶细长，大部分为常绿树；其树干直而高大，纹理顺直，木质较软，易加工，故又称软木材。针叶树材表观密度小，强度较高，胀缩变形小，是建筑工程、家具、造船中的主要用材。

②阔叶树材。树干通直部分较短，木材较硬，加工比较困难，故又称为硬(杂)木材。如榆、水曲柳、栎木、榉木、椴木、樟木、柚木、柞木、檫木及各种桦木、楠木和杨木、紫檀、酸枝、乌木等。阔叶树材其表观密度较大，易胀缩、翘曲、开裂，但阔叶树材质坚硬、纹理色泽美观，适于作装修用材，胶合板材等。常用作室内装饰、次要承重构件、胶合板等。

(2)原木按质量分类

可分为等内原木、等外原木。分类的依据是木材的缺陷(如节子、腐朽、变色、裂纹、虫害、形状缺陷等)。原木也可以按尺寸分类，如按径级或长级分类。

1.3.2　锯材类商品

锯材是原木经锯割加工成具有一定尺寸(厚度、宽度和长度)的产品，按用途分为通用锯材和专用锯材两个大类，包括针叶树锯材、阔叶树锯材、普通锯材、特殊锯材。广泛用于工农业生产、建筑施工以及枕木、车辆用、包装用等。凡宽度为厚度3倍以上的称为板材，宽度不足厚度3倍的称为方材。普通锯材是指已经加工锯解成材的木料。普通锯材的长度，一般针叶树1~8m，阔叶树1~6m。长度进级：东北地区2m以上按0.5m进级，不足2m的按0.2m进级；其他地区按0.2m进级。

1.3.3　人造板类商品

我国木质人造板主要分为胶合板、刨花板、纤维板和复合木板等。

(1)胶合板

胶合板生产具有悠久的历史，胶合板是将原木旋切成的薄片，用胶黏合热压而成的人造板材，其中薄片的叠合必须按照奇数层数进行，而且保持各层纤维互相垂直，胶合板最高层数可达15层。胶合板木纹美观、尺寸稳定性好，特点是胶合强度高、强重比大，耐久性、耐水和耐气候性都很好，是用途广泛而销路畅通的人造板，一直居三板之首。

(2)纤维板

纤维板在我国生产已近50年，湿法纤维板生产已遍及我国主要省市。近年来，中密度纤维板发展较快。纤维板是将木材加工下来的板皮、刨花、树枝等边角废料，经破碎、浸泡、研磨成木浆，再加入一定的胶料，经热压成型、干燥处理而成的人造板材，分硬质纤维板、半硬质纤维板和软质纤维板3种。密度在0.8g/cm^{3}以上的称为硬制纤维板，密度在0.5%~0.8%的为中密度纤维板，密度更低的为软质板。

(3)刨花板

刨花板是以刨花木渣为原料，经干燥后拌入胶黏剂，再经热压成型而制成的人造板材，所用黏结剂为合成树脂。这类板材一般表观密度较小，强度较低，主要用作绝热和吸声材料但其中热压树脂刨花板和木屑板，其表面可黏贴塑料贴面或胶合板作饰面层，这样既增加了板材的强度，又使板材具有装饰性，可用作吊顶、隔墙、家具等材料。

(4)复合木板

复合木板又叫木工板，它是由三层胶黏压合而成，其上、下面层为胶合板，芯板是由木材加工后剩下的短小木料经加工制得木条，再用胶黏拼而成的板材。

1.3.4　木片

木片指的是利用森林采伐、造材、加工等剩余物和定向培育的木材制成的片状木材，可加工成造纸原料和制作木基板材的原料，也可直接作为木材商品进行国际林产品贸易。

1.3.5　薪材

凡未列入国家、行业木材标准范围内的木材种类可作薪材利用。薪材的规格尺寸为长度不超过1m，检尺径级不大于5(含劈柴复原径级)。

1.3.6　木浆

木浆分为机械木浆、化学木浆、半化学木浆。机械木浆也称磨木浆，是利用机械方法磨解纤维原料制成的纸浆。机械木浆在造纸工业中占有重要的地位，它的生产成本低，生产过程简单。化学木浆是木片在含有适当化学品的水溶液中，以高温高压进行蒸煮而得，常用硫酸盐法或亚硫酸盐法制得。由于制浆方法的不同，有硫酸盐木浆、亚硫酸盐木浆等。半化学木浆是在化学蒸煮工序中脱木素作用不够充分，纤维未完全分离，需要随后进行机械处理而制得的木浆。

1.4　国外木材消费与贸易概况

国外的木材消费与贸易集中于发达国家和森林资源丰富的国家。

(1)俄罗斯木材生产与贸易

俄罗斯是世界森林资源最丰富的国家，森林蓄积量居世界第一，占世界森林总蓄积量的近1/4，尤其是俄远东地区，大部分为针叶木材。俄罗斯木材产品生产以原木和锯材为主，出口产品以针叶树原木、针叶树锯材和阔叶树锯材为主。

2012年中国进口俄罗斯原木 $1\ 118\times10^4 m^3$，锯材 $621\times10^4 m^3$，占中国当年木材进口总量的近1/3。2013年俄罗斯仍是中国的第二大原木进口国和第一大锯材进口国。中俄木材贸易近几年出现了新的变化。从结构上看，俄进口锯材比重增幅较大，而进口原木比重逐年减少。从数量上看，俄罗斯木材在中国市场份额正在下降，而新西兰木材和加拿大木材份额正在增加。

俄罗斯木材占世界工业用原木出口量的比例较大，对世界原木需求有很大影响。近几年，俄罗斯正逐渐提高原木出口税，并计划将原木出口比例下调，将木材加工产品的出口税降为零，鼓励高附加值产品生产，如：增加对木材加工及制浆造纸工业的投资，近几年人造板和制浆工业发展迅速。

(2)东南亚国家木材生产和贸易

东南亚是世界上热带原木和胶合板材的主要出口地区，马来西亚和印度尼西亚都是胶合板主要出口国。我国进口的胶合板也主要来源于马来西亚和印度尼西亚。中国每年从印度尼西亚、马来西亚进口的木材产品量占比很大，缅甸和泰国也是中国热带原木的主要来源国。目前，该地区纸浆和造纸工业也正在迅速发展，橡胶、藤和竹子也是其重要的出口产品。2013年，中国从缅甸进口原木 $97\times10^4 m^3$，位列前十；泰国、菲律宾和印度尼西亚是位列前十的中国主要锯材进口国。

(3)欧洲木材生产和贸易

欧洲主要生长着温带材和寒温带材，欧洲材的主要产地和树种为德国榉木，瑞典云杉和赤松，芬兰松木(北欧赤松)。2012年欧洲木材产量最大的4个国家是德国、瑞典、芬兰和奥地利。德国木材产量达 $2\ 000\times10^4 m^3$，位居第一；排名第二的为瑞典，木材产量为 $1\ 600\times10^4 m^3$；芬兰木材产量 $900\times10^4 m^3$，位居第三；奥地利的木材产量为 $900\times10^4 m^3$，与芬兰持平。

欧洲是木材产品，特别是板材、纸浆和纸张的主要生产地。瑞典、奥地利、德国、芬兰等国也是锯材出口较多的国家。2013年，中国从芬兰和瑞典分别进口 $40.2\times10^4 m^3$ 和 $30.96\times10^4 m^3$ 锯材，位列前十。

(4)北美洲木材生产和贸易

北美的森林覆盖率为34%以上，其中，加拿大和美国的森林面积分别位于世界的第三位和第四位，北美是世界针叶材的主要产区。

加拿大是世界上最大的林产品出口国之一。加拿大是锯材和木浆的世界第一大出口国，而且在人造板、纸和纸板的出口量排名中均处世界前五位。加拿大林产工业具有以下几个特点：一是林产工业在加拿大国民经济和全球林产品贸易中占有重要地位；二是主要林产品80%以上用于出口，主要出口国是美国、日本和中国；三是林产品结构以针叶锯材和制浆造纸业为主导。目前加拿大的林产品出口市场主要集中在北美和亚洲部分国家，我国是加拿大林产品进口量增长最快的国家。

美国是世界林产品生产、消费和贸易大国。2010年，美国工业原木、锯材、纸浆的生产量均占世界首位，纸和纸板生产量居世界第二，林产品出口额居世界首位，进口额居世界第二，进出口贸易总额在世界贸易总额4 516.99 $\times 10^8$ 美元中占9.8%，是世界最大的林产品贸易国。美国生产的主要林产品包括原木、锯材、各种板材、纸浆、纸和纸板、木制家具。从进出口量看，原木是美国最大的出口产品，锯材是最大的进口产品，10余年来原木出口第一和锯材进口第一的地位始终未变。美国木材进口的主要贸易国是邻国加拿大，主要进口产品是针叶树锯材，木材出口的主要贸易国是加拿大、中国、日本、墨西哥和韩国，主要出口产品是针、阔叶树原木和锯材。2013年，中国从美国进口了561 $\times 10^4 m^3$ 的原木和258 $\times 10^4 m^3$ 的锯材，位居进口前十。

(5)非洲木材生产和贸易

非洲国家的森林丰富且类型多样，森林覆盖率为23%，主要集中在中非和南非。非洲森林大部分为天然林，且以阔叶林占绝对优势，生产大量的工业用原木，同时采伐大量林木用作薪材和木炭。

非洲是木质林产品的净出口地区，主要木材出口国包括：刚果共和国、喀麦隆、中非共和国、刚果民主共和国、科特迪瓦和加蓬共和国等。近年来，一些非洲国家，如喀麦隆、赞比亚等，环保意识逐渐增强，加之为鼓励国内木材加工业发展及增加出口附加值，纷纷限制原木出口。

(6)大洋洲和太平洋岛国木材生产和贸易

大洋洲和太平洋岛国森林资源较丰富的国家有澳大利亚、新西兰、巴布亚新几内亚、斐济、萨摩亚、所罗门群岛和瓦努阿图。该地区主要林产品生产国是澳大利亚和新西兰，同时两者也是该地区主要的林产品贸易国。在林产品贸易中，新西兰占世界1.1%，占亚太地区8.8%，新西兰提供的林产品主要来自仅占世界森林总面积(39.5 $\times 10^4 hm^2$)0.05%的180 $\times 10^4 hm^2$ 人工林。新西兰人工林的树种主要是辐射松(89.1%)和北美黄杉(6.3%)。巴布亚新几内亚也是该地区主要的工业用原木出口国。目前，该地区的巴布亚新几内亚、所罗门群岛、新西兰和澳大利亚是中国原木的主要来源国。2013年，新西兰、巴布亚新几内亚、所罗门群岛、澳大利亚是位居前十的中国原木进口国。

(7)南美洲木材生产和贸易

在南美洲区域，森林覆盖率高达49%，绝大部分国家盛产热带材。其中巴西和秘鲁的森林面积分别排名世界的第二位和第九位。巴西是林产品主要生产国，其次是哥伦比亚、秘鲁和智利。2013年，中国从智利进口82.3 $\times 10^4 m^3$ 的锯材，位居前十。

目前，全球林产品贸易格局正在进行深度调整，主要表现在5个方面：

①欧洲和北美洲仍是林产品贸易的主体，但其份额逐渐缩小；

②亚洲特别是中国成为林产品贸易发展的重要区域，木材贸易额已经超过北美，位居世界第二位；

③中国已是全球第一大木材进口国、人造板出口国和林产品贸易国，而越南、马来西亚和印度尼西亚等正在成为中国在林产品生产领域的主要竞争者；

④俄罗斯、南美洲、非洲、太平洋岛国等传统木材资源出口国正利用其森林资源优势逐步减少原木出口，加快产业结构调整，发展本国的木材加工业；

⑤单纯的资源型林产品贸易正在受到抑制，高附加值加工产品特别是精加工产品贸易迅速扩大，如人造板、纸及纸板等。

1.5　我国的木材消费与需求

1.5.1　我国木材消费概况

1.5.1.1　木材消费总量

到2009年，我国木材消费量已达$4.22 \times 10^8 m^3$，其中进口量达$1.84 \times 10^8 m^3$，对外依存度达43.6%；2011年全国木材产品市场总消费量近$5 \times 10^8 m^3$；2013年，仅对造纸、人造板、实木地板和木质家具统计，我国木材消费量约$5.62 \times 10^8 m^3$。据国家林业局称，2020年我国木材需求可能达到$8 \times 10^8 m^3$。从数据可以看出，我国是一个木材需求大国，对于木材的需求量很大，并且木材对外依赖度比重很高，进口木材已占消费量的50%以上。国家林业局表示，2020年，要争取木材对外依存度不超过60%。

1.5.1.2　我国木材消费结构

以2013年为例，我国的木材消费主要集中在造纸、人造板、实木地板、实木家具等领域。

(1)造纸

2013年，造纸产量$10\,250 \times 10^4 t$，按80%是木材纤维浆计算，每吨消费木材$4.2 m^3$计算，造纸消费木材约$34\,440 \times 10^4 m^3$，其中纯原木制浆(含进口木浆)按原木浆占30%计算，消费原木约$10\,332 \times 10^4 m^3$，废纸占70%，折原木材积$24\,108 \times 10^4 m^3$。

(2)人造板

人造板消费木材$20\,171 \times 10^4 m^3$，规格原木$15\,998 \times 10^4 m^3$，占79.31%、枝丫材和刨花、木糠等折原木材积约消费木材$4173 \times 10^4 m^3$，占20.69%。

其中：胶合板产量$13\,725.19 \times 10^4 m^3$，消费原木材积约$10\,000 \times 10^4 m^3$。中密度纤维板产量$5\,394.54 \times 10^4 m^3$，按生产$1 m^3$中密度纤维板消费木材$1.5 m^3$计算，消费木材$8\,092 \times 10^4 m^3$，其中枝丫材约占40%，折原木$3\,237 \times 10^4 m^3$，规格材$4\,855 \times 10^4 m^3$。刨花板产量$1\,484.95 \times 10^4 m^3$，生产$1 m^3$刨花板按消费木材$1.4 m^3$计算，消费木材$2\,079 \times 10^4 m^3$，其中枝丫材和刨花、木糠等约占45%，折原木材积消费$936 \times 10^4 m^3$，消费规格木材$1\,143 \times 10^4 m^3$。

(3)实木地板

实木地板产量 13 139.7 $\times 10^4 m^2$，按每 $1m^3$ 木材生产 $52m^2$ 计算，消费木材 253 $\times 10^4 m^3$。

(4)实木家具

实木家具产值约 4 500 $\times 10^8$ 元，按 30% 购置木材和人造板计算，共 1 350 $\times 10^8$ 元，其中，按 30% 购置木材计算，实木家具消费木材折原木材积约 1 350 $\times 10^4 m^3$(按3 000 元/m^3)。

(5)其他

另外，木制品、基建、装修和农民建房等用的原木约 4 800 $\times 10^4 m^3$，全国原木消费量约 3.3 $\times 10^8 m^3$ 以上。

1.5.2 我国木材的进出口情况

1.5.2.1 木制品出口情况

近年来，我国木质林产品出口稳步上升，中国已是世界上最大的木业加工、木制品生产基地和最主要的木制品加工出口国，同时也是国际上最大的木材采购商之一。2012 年，中国从超过 80 个国家购买木材，进口原木达 3 789 $\times 10^4 m^3$。在全球林业发展史上，从未有任何其他国家主要依赖进口木材而建立了一个再出口导向的林产工业，并且达到如此规模。

我国木材与木制品出口品种主要以家具、人造板、木框架坐具、木地板、木门等木制品为主。2011 年，各品种出口额比例如下：木家具为 38%；人造板为 20%；木框架坐具为 20%；活动房屋为 5%；木制门为 2%；木竹地板为 2%；薄板为 1%；其他，包括纸、纸板、纸制品为 12%。

美国、日本、韩国、英国、德国是中国林产品最主要的出口市场。美国进口的人造板、木地板和家具等木材加工产品中，中国的产品几乎占了 50%。中国现已发展成为全球林产品的生产和贸易大国，很多主要林产品，如木家具、纸和纸板、胶合板、纤维板及各种木制品，其产量和出口量均已跃居世界首位。

1.5.2.2 木材及木制品进口情况

鉴于我国对 18 个省份启动了天然林资源保护工程，为了鼓励木材进口，以满足国内木材资源的需求，从 1998 年起，中国鼓励木材进口，不仅对各种进口木材实施零关税，而且对经营进口木材的企业由以前有木材进口权的单位放宽到有出口权的单位。得益于此，我国木材进口量大幅度增长，原木进口量从 1997 年 447.1 $\times 10^4 m^3$，增加到 2013 年的 4 515.9 $\times 10^4 m^3$，增长 9.1 倍；锯材进口量从 1997 年的 132.5 $\times 10^4 m^3$，增加到 2013 年的 2 393.97 $\times 10^4 m^3$，增长 17.07 倍。随着我国木材加工业的快速发展，国内木材需求量也在不断增加，2013 年是我国近几年来进口木材最多的一年，共进口木材折原木材积 24 837 $\times 10^4 m^3$。

2013 年，我国原木进口量的增长，除了从俄罗斯进口量比上年下降 8.27% 外，从其他国家和地区的原木进口全面增长。其中，新西兰比上年同期增长33.44%，比2007年同期增加数量1 023.38 $\times 10^4 m^3$，取代俄罗斯成为我国的第一大原木进口国；美国比2012年增长54.14%，增加数量197.03 $\times 10^4 m^3$；缅甸比上年增长57.3%，增加数量35.34 $\times 10^4 m^3$。2013年，我国原木进口前十位的国家是：新西兰、俄罗斯、美国、巴布亚新几内亚、加拿大、所罗门群岛、澳大利亚、乌克兰、缅甸、法国。

在锯材进口方面，2013年以来，在全国商品房销售面积大幅度增长，室内装修和木材加工用材大幅度增加的共同拉动下，我国木质家具、各种人造板、实木地板和室内装修等对锯材使用量增加，使我国锯材进口大幅度增长。2013年进口量完成2 393.97 $\times 10^4 m^3$，折原木材积3 419.96 $\times 10^4 m^3$，比上年同期增长16.42%，增加数量337.63 $\times 10^4 m^3$。2013年我国锯材进口前十位的国家是：俄罗斯、加拿大、美国、泰国、智利、菲律宾、新西兰、芬兰、瑞典、印度尼西亚。

在纸浆进口方面，随着人民生活对纸的需求量不断增大，我国造纸业发展迅速。2013年纸产量达到10 250 $\times 10^4 t$，成为世界第一大造纸生产大国。为了满足生产需要，除了发展速生丰产林和进口大量废纸外，还进口大量原木浆。据海关统计，2013年我国进口各种木浆1 546.64 $\times 10^4 t$，折合原木材积6 960m^3。2013年我国进口各种木浆的主要来源国包括：德国、瑞典、美国、日本、加拿大、巴西、印度尼西亚、智利、俄罗斯、芬兰、乌拉圭、新西兰等。

为了造纸业的快速发展，必须在木材的循环使用上解决造纸原料的不足。我国除了回收大量国内废纸外，还进口大量废纸。2013年我国进口废纸2 923.68 $\times 10^4 t$，折原木材积12 281 $\times 10^4 m^3$。

目前，我国各类木材进口国的分布没有发生变化。虽然从俄罗斯进口的木材比以往有所减少，但俄罗斯仍是中国主要的木材进口国。另外，越南、柬埔寨、老挝等东南亚木材市场也具有很大潜力。

1.5.3　我国木材需求的预测

(1)建筑和装饰用材

建筑业消耗的木材主要用于营建房屋建筑，按房屋建筑的主要用途可分为生产建筑、公共建筑和住宅3类。建筑用材需求量取决于各类建筑的竣工面积及其木材消耗强度。住房与城乡建设部表示，我国的建筑业会保持快速发展的趋势。此外，保障性住房投资方面将有较大增长，住房建成后，会带动大量的装修和家具的需求，如木地板、木门、木楼梯等。

2009年我国城市化率为46.6%，每年增加1%。预计到2030年，城市化率为70%左右，基本完成城市化。这表明我国在近20年时间内，仍将是城市化的高速发展期，对木材和木制品有很大需求空间。随着城市化进程的推进，未来20年会有$3 \times 10^8 \sim 4 \times 10^8$农村人口转移到城市，这将会促进产生大规模的城市基础建设和住房建设，需要大量的木材支撑。城市人口越多，则需要更多的木材来满足房屋住宅和基础设施建设，并且城市生活的木材消耗水平也较高。

(2)家具

木材是重要的生产资料，同时又是重要的生活资料，直接用于生活的比重非常高。

家具在木材制品中占很大比重，随着生活水平提高和城市化进程的加快，家具的消费会有较大增加。

根据中国产业信息网公布的数据，2009 年，我国家具总产量为 6.1×10^8 件，其中木质家具 2.1×10^8 件。业内人士指出，我国的家具市场还有很大发展空间，除了每年约 1 000 万对新人结婚，1 800 万人出生带来的刚性需求，还有生活水平提高、人均居住面积增加以及大量出口提供的广阔市场。

(3)造纸

中国对于纸张和纸板的进口需求以及国内的生产，在未来一段时间内会继续以非常快的速度扩大。2009 年，我国纸和纸板的消耗量为 $8\,569\times10^4$t；2013 年，造纸产量 $10\,250\times10^4$t，位居世界第一。

(4)煤炭业需求

能源结构调整，节能减排等相关政策，在一定程度上将抑制煤炭需求，煤炭消费的增长可能明显趋缓，煤炭市场供大于求的压力加大，影响到木材在煤炭领域的需求。

(5)农民自用材

农民自用材 90% 左右用于农民建房，已经包括在建筑用材消耗中。这里只估算其他自用材和烧柴的消耗量。根据部分用材统计量和农村人口推算发现，2002—2009 年人均年消耗量从 0.061 m^3 下降到 0.044 m^3。考虑到农村节能设施和非薪材能源的推广，预计 2020 年人均年消耗量会下降到 0.03 m^3。

(6)木制品出口

家具业和造纸业的出口所需木材包含在上述预测中，这里只考虑原木、锯材、单板、刨花板、纤维板和胶合板的出口所需木材。2002—2009 年原木、锯材、单板和刨花板的出口量比较稳定，纤维板和胶合板有较迅速的增长。根据各类的比例折合成原木当量，从 2002—2009 年，这部分出口耗材量从 $270\times10^4m^3$ 增长到 $936\times10^4m^3$，年增长率为 19.4%。

(7)其他需求

文体用品、车船制造、化工化纤及铁路部门等消耗的木材量较少。据国家林业局预算，2020 年我国木材需求可能达到 $8\times10^8m^3$。

1.5.4 我国木材的短缺

2013 年，我国共进口木材折原木材积 $24\,837\times10^4m^3$，实际消耗木材 $56\,214\times10^4m^3$，对外依存度 44.2%，超过了国家木材安全的警戒线，木材资源对外依存度高所导致的木材安全问题不容忽视。

国际社会出于环境和资源安全双向考虑，开始限制木材出口，我国木材安全问题愈加严峻。

第八次全国森林资源清查报告显示，我国人工林保存面积居世界首位，但我国森林覆盖率仅为 21.63%，我国林地生产力低，森林每公顷蓄积量只有世界平均水平 131m^3

的69%，人工林每公顷蓄积量只有52.76m^3。林木平均胸径只有13.6cm。龄组结构依然不合理，中幼龄林面积比例高达65%。林分过疏、过密的面积占乔木林的36%。林木蓄积年均枯损量增加18%，达到$1.18 \times 10^8 m^3$。

目前，我国林业品种的结构失衡问题非常突出，森林中珍稀、珍贵品种普遍较少。因此，进口木材原料中，珍稀、珍贵品种占比例较大。

1.6　森林资源的生态效益和社会效益

森林资源的多种效益又称森林生态系统的服务功能，森林生态系统服务功能主要体现在3个方面：生产功能、社会功能、生态服务功能。

除了林产品以外，森林还提供清洁水源、清洁的空气、土壤保护、野生动物栖息地、植被区系和动物区系，以及进行游憩、审美、教育和研究的机会。

1.6.1　森林资源的生态效益

森林的生态效益包括涵养水源、保土保肥、固碳制氧、净化环境、维持生物多样性、防风固沙等。

(1)涵养水源功能

降雨经林冠的截留和林下灌木、草本植物和枯枝落叶的阻挡，流速降低，不能形成冲刷土壤的径流。林地的土壤疏松，孔隙多，对雨水的渗透性强，降雨的50%~80%可以渗入地下，成为地下水库，这些水用来补给江河水和地下水，使森林成为绿色水库。每1hm^2森林所蓄含的水分至少比无林地多300m^3。$1 \times 10^4 hm^2$林地所蓄含的水分就相当于一个容量$300 \times 10^4 m^3$的水库。

(2)保护土壤

在森林的覆盖下，由于高大植物的冠盖，地被物阻挡，水分下渗，森林能明显减少地表径流；减少了地表径流也就减少了降水对地面的冲刷，保护了土壤。此外，植物根系固土，根系分泌的有机物胶结土壤。森林不仅能减少水力侵蚀，而且能降低风速，减少土壤的风蚀。

森林在发挥水土保持作用的同时，能够减少江河湖库非点源污染，发挥保护与改善水质的作用。

(3)调节气候、增加降水

森林比同纬度同样面积的海洋蒸发的水分还多50%。林区湿度大、温度低，水蒸气容易凝结成云雨。大兴安岭南部森林砍伐后年降水量由600mm减少到380mm。广东省雷州半岛20世纪50年代以后造林$24 \times 10^4 hm^2$，覆盖率36%，改变了过去林木稀少时的严重干旱气候，造林后20年，年平均降水量增加到1855mm，比造林前40年的平均降水量增加31%。

森林是地表与大气间的一个绿色调温器，它对林下的小气候具有调节作用。由于林冠层的保护作用，夏季可减弱阳光辐射，阻挡林内蒸腾和蒸发的水分散失，使林内气温比空旷地低，空气湿度高。冬季情况相反，一天的昼夜也有类似的情况。

森林对周围的温度也有很大影响，白天林内温度低，空气密度高，空气由林内流向林外，使外围降低温度。夜间林外空旷地热辐射较快，林外空气向林内流动，降低冷空气积聚。城市及城市周边一定面积的风景林、公园、森林绿地可以较好地调节城市气候。城市绿地面积超过 20%，城市热岛效应可明显缓解。

(4)防风固沙、保堤护田

农田防护林、沿海防护林可以降低风速。据各地观测，一条 10m 高的防风林带，在其背风面的 150m 范围，风力平均降低 50%；250m 范围，风力降低 30% 以上。纵横交织的防护林网能很好地保护农田，减少风蚀，保护土壤。

(5)净化空气

①滞尘　林木的滞尘效果十分明显，叶面积滞尘量，棕榈为 $56.49g/m^2$，无花果为 $42.84g/m^2$，榆树为 $11.97g/m^2$，侧柏为 $9.07g/m^2$，悬铃木为 $4.55g/m^2$。

据测定：绿化区的空气含尘量比空旷地少 25%~38%，即使落叶之后，也可使空气含尘量减少 18%。

②吸收有毒气体　柳杉、槐树、桑树、木槿、垂柳、罗汉松等对二氧化硫的吸收量和抗性较大。夹竹桃、海桐、广玉兰、梧桐等吸收氟化氢的能力较强。

③分泌出特殊的挥发物　柏木、白皮松、柳杉、雪松、樟树能分泌杀菌素，杀死结核、伤寒菌。

④吸收二氧化碳，制造氧气　森林通过光合作用固定大气中的 CO_2，制造 O_2。

(6)保护生物多样性

大部分陆生物种与森林有关，森林的多层次结构特点和森林涵蓄水分及林地较高的肥力，为多样性的植物提供了适宜的生存与发展条件。郁闭林形成的隐蔽和遮风挡雨环境，适宜的温度，密集林冠和树穴树根隧道为动物栖居提供的良好场所，以及植物多样性为动物生存提供的丰富食料，使森林动物多样性高。

热带森林面积占地球陆地面积的 7%，至少拥有世界物种数的 50%。例如，巴西拥有野生动物 3 000 种，种子植物 55 000 种。在热带森林的分布区域，哥伦比亚、印度尼西亚、澳大利亚昆士兰北部、马达加斯加、马来西亚、我国的西南部均拥有丰富的生物多样性。

(7)干扰调节

洪涝灾害、泥石流、滑坡、山体崩塌、风沙灾害，每年因此损失几百亿元。这些灾害的原因往往与森林破坏有关。

(8)减缓温室效应，应对气候变化

以全球变暖和大气 CO_2 浓度增加为主要特征的全球气候变化正在改变着陆地生态系统的结构和功能，威胁着人类的生存与健康，因而受到世界各国政府和科学家的普遍关注。森林的碳汇作用被认为是减缓全球气候变化的一种可能机制和最有希望的选择。森林通过将森林生物量作为能源来替代矿物燃料，或作为原材料来替代钢铁、水泥、铝材等能源密集型产品，从而减少温室气体的排放。

森林在应对气候变化中具有三大功能：

①吸收功能　森林是陆地上最大的吸碳器，它通过光合作用，吸收二氧化碳，放出

氧气，形成碳汇。研究表明：森林每生长 $1m^3$ 蓄积量，平均能吸收 1.83t 二氧化碳，释放 1.62t 氧气。

②贮存功能　据联合国政府间气候变化委员会评估，森林是陆地上最大的储碳库。陆地生态系统一半以上的碳，储存在森林生态系统中。同时，木制品的储碳能力也很强。

③替代功能　由于森林在应对气候变化中具有这些特殊功能，因此，《京都议定书》规定了工业直接减排和森林间接减排两条途径。日本减排指标为6%，其中3.9%通过森林固碳来完成，2.1%通过工业减排来完成。欧洲许多国家和加拿大等国也在本国通过发展森林和在发展中国家购买林地造林来实现减排。近年来，由世界银行和意大利政府出资550万美元已在我国广西、内蒙古等省区实施了森林碳汇项目。经国际机构认定，在广西营造的 4 020hm^2 森林，可吸收二氧化碳 60×10^4t，是间接减排的重要措施。

据第七次森林资源普查，中国林业科学院依据本次清查结果和森林生态定位监测结果评估，我国森林植被总碳储量达到了 78.11×10^8t。森林生态系统年涵养水源量达到了 $4\,947.66 \times 10^8 m^3$，年固土量达到了 70.35×10^8t，年保肥量达到了 3.64×10^8t，年吸收大气污染物量达到了 0.32×10^8t，年滞尘量达到了 50.01×10^8t。

仅固碳释氧、涵养水源、保育土壤、净化大气环境、积累营养物质及生物多样性保护等6项生态服务功能年价值就达 10.01×10^{12}元。

1.6.2　森林资源的社会效益

森林的社会效益包括：持续不断地提供多种森林服务满足社会发展和人类进步对林业的不断增长的多种需求，包括为社会提供就业机会、增加收入、满足人的精神需求目标(如美学目的、陶冶情操目的、教育目的、文化目的、学术研究目的、宗教信仰目的、旅游观光目的等)。对于大多数发展中国家而言，森林可持续经营还具有发展经济、消除贫困的目标。

1.7　木材生产对森林生态效益的影响

森林是陆地生态系统的主体，对维持陆地生态系统的平衡起重要的支撑作用。正是基于对这一规律的深刻认识，近年来国际社会才对森林问题给予了前所未有的关注。1992年，联合国环境与发展大会发表的《关于森林问题的原则声明》中指出："森林这一主题涉及环境与发展整个范围内的问题与机会。"

许多国际组织、国家和地区都从不同的角度对如何建立和维持健康稳定的森林生态系统，保障林产品的持续供给进行了广泛探讨和研究。在此背景下，森林采伐作为森林经营的核心环节，受到各国林业工作者的高度重视，纷纷开始研究在森林采伐过程中尽量减少对环境的不利影响，以及如何激励森林经营者按可持续经营的要求培育和利用森林。

(1)木材生产对森林涵养水源功能的影响

大面积、高强度地采伐木材，会破坏森林涵养水源的功能，引发洪涝灾害。

(2)木材生产对森林水土保持功能的影响

在坡地大面积、高强度地采伐森林，会引起严重的水土流失。水土流失不仅降低了土壤肥力，还会影响到江河、溪流的水质，导致江河淤积，并引发洪涝灾害。

(3)木材生产对森林生物多样性的影响

森林是生物多样性丰富的地区，特别是天然森林。为经济利益而大面积、高强度地采伐森林，特别是大面积皆伐森林，将会严重破坏动植物的栖息地，导致生物多样性的减少，甚至消失。大面积采伐森林还会导致生物栖息地面积的缩小，能供养的生物种数减少。

木材生产中的伐区配置可能造成景观破碎化，破碎化的斑块使其中的物种受到威胁。例如，当一块小的森林斑块被隔离出来，其边缘就曝露在强光和较大的风速下，使边缘的环境温度更高，空气和土壤湿度降低。该效应可从边缘深入到林内超过100m，造成树木、灌木死亡，蝴蝶、鸟类、昆虫消失。

(4)木材生产对森林固碳功能的影响

森林采伐速度快于更新速度，会影响森林的碳汇功能，对缓解全球气候变化是极为不利的。通过控制采伐量，实行采伐限额是保证森林碳汇功能的重要措施。

1.8 木材生产作业对森林环境的影响

木材生产作业中，不合理的作业技术会对森林环境产生不利的影响，妨碍森林的更新，使林木更新困难或影响林木的正常生长，从而降低森林的经济和生态效益，并影响森林内的水质、土壤、生物多样性等。木材生产作业对森林环境的影响主要包括以下几个方面：

(1)伐木作业对保留木的影响

渐伐和择伐采伐作业中，不合理的作业方式可能造成保留木的砸伤、擦伤、折断而影响森林的更新，造成树木枯死，特别是对幼树的破坏更大。

(2)集材作业对森林环境的影响

集材作业可能造成林地土壤被破坏，特别是地面集材方式。各种拖曳式地面集材方式对森林环境的影响，主要集中在对土壤的破坏。压实土壤的渗透性降低，增大地表径流，造成水土流失。压实的土壤影响树木种子与土壤的结合，并且植物根系在压实土壤的厌氧环境里无法良好生长，林木的更新生长会受到影响。

集材作业时，作业方式不当还会折断树干、剐蹭掉成熟林木的树皮以及压倒较小的幼树和幼苗。

集材道路上的土壤侵蚀会导致河道中泥沙沉积，影响水生动物和植物所需要的水质。

(3)大面积皆伐与森林环境的变化

当林木皆伐以后，稳定的森林环境遭到破坏，迹地小气候条件发生急剧变化。主要包括：温度变幅增大，常易使幼苗和幼树遭日灼或霜冻的危害；由于环境剧变，土壤结构破坏，使土壤水分发生很大变化，会使干旱地区的表土变得更为干燥，而在冷湿、地下水位高的地区，因迹地积水存在着变为沼泽地的危险，这些变化都对森林更新不利。皆伐后，由于阳光充足，杂草灌木滋生，给迹地更新带来困难。因此，许多国家已针对所允许的最大皆伐面积做出限制，如瑞典为5~20hm^2，我国则随坡度而变化，最大不超过30hm^2。

(4)伐区清理对林地生产力的影响

采伐剩余物对于保持土壤营养物质循环有重要的意义，全树采伐利用可能导致土壤养分的流失。在采伐剩余物的处理上，把它们在林地上堆积起来任其腐烂或者将它们烧掉，或采取平铺的方法来处理，会对林地生产力有不同的影响。

(5)木材生产对河流水质的影响

木材生产作业会影响到作业区域内河流的水质，特别是在溪流两侧有采伐、集材活动时，影响较大，如增加河流泥沙含量和营养物质含量等。为此，应在溪流两岸设置缓冲带。

研究表明，有河岸缓冲带的河溪水生生态系统的水质、生物多样性以及水生生物栖息地的质量都明显优于没有河岸缓冲带的河溪生态系统。美国西北部地区实行的方案是，河流缓冲带的宽度至少应当是树高的1.5倍。

(6)林区道路和集材道路修建与土壤侵蚀

林区道路和集材道路的修建破坏植被，产生大量裸露的地表和松散土体，容易诱发水土流失。应采取措施控制水土流失，最大限度地减少对土壤和林地生产力造成的损失。尽量减少集材道的数量，减少修建林区道路。

(7)楞场的修建对森林环境的影响

木材生产中修建的楞场会产生大量裸露的地表和不平的地面，容易积水和产生水土流失，不利于森林的更新。楞场径流中还可能包含燃油类成分，从而对溪流造成污染。

(8)木材生产与森林资源的节约

高效的森林资源利用可以在满足社会对木材资源需求的同时，更好地发挥森林的生态效益。

木材生产中一些不当的作业技术会导致木材资源的浪费。例如，伐根过高、树木劈裂、木材的砸伤、垫伤；集材作业中，木材的丢弃；不合理的造材方案以及造材质量不高等。

(9)木材生产与森林景观保护

在森林经营活动中应考虑森林景观的美学价值。选择尽可能最小化视觉冲击的木材生产活动，用天然景观的特征设计采伐区；维持混合的树种组成；及时在裸露的土壤区种植等。

1.9　低环境影响的木材生产作业

随着传统的采伐方式(Conventional Logging，CL)在森林环境保护方面存在的问题逐渐加重，世界许多国家正在积极地探索一种新的能够使采伐对环境的破坏减少到最低程度的采伐方式。

以减少对环境影响为指导思想的低影响森林采伐(Reduced Impact Logging, RIL)在20世纪90年代初开始出现，并逐渐被许多林业工作者所接受，同时也受到世界自然基金和世界保护协会等组织的关注。

联合国粮农组织(FAO)在刚果、印度尼西亚、不丹、巴西等几个国家通过对传统的采伐方式和低影响森林采伐进行的比较，证明了低影响森林采伐对环境的破坏比传统的采伐方式要小得多，而且传统的采伐方式要比低影响森林采伐花费更多的时间和金钱。尽管低影响森林采伐在世界范围内广泛施行还有很多困难，但目前许多国家已经开始对这种采伐方式进行研究并加以推广。

1.9.1 低影响森林采伐的主要内容

关于RIL的概念，联合国粮农组织给出的定义是"RIL就是集约规划和谨慎控制采伐作业的实施过程，将采伐对森林以及土壤的影响降到最小，通常采取单株择伐作业"。RIL的概念提出以后，世界上一些国际组织、国家和地区开始从保护生态环境角度审视和修订采伐更新作业技术规程，如斐济、新西兰、加拿大不列颠哥伦比亚省、奥地利、南非、澳大利亚、联合国粮农组织、亚太林业委员会等。其中，有代表性的当属联合国粮农组织的《标准森林采运方法规范》和亚太林业委员会的《亚太区域森林采伐作业规程》。

联合国粮农组织与亚太林业委员会对低影响森林采伐的研究主要从下面几个方面考虑：①森林采伐计划；②伐前的伐区准备；③道路和水道桥涵设计；④采伐作业；⑤采伐设备的维修；⑥伐区卫生；⑦安全和培训等。

爱丁堡热带森林中心(The Edinburgh Center for Tropical Forests)对低影响森林采伐技术进行了总结，主要从以下几个方面考虑：①改善集材道的建设效率能够减少环境的破坏和花费；②采伐前的树木位置图被认为是成功实行低影响森林采伐的关键部分；③采伐工人的工作条件和福利待遇对于施行低影响森林采伐十分重要；④采伐时木材浪费的主要原因；⑤集材道的建设；⑥机械设备的利用；⑦低影响森林采伐和传统的采伐方式的费用比较。

热带国家进行实例研究并发表研究报告的有南美洲巴西、非洲刚果、亚洲印度尼西亚及不丹。它们的主要结论是：①按照规范进行的森林采运，其成本不一定比传统方法高，要依社会、经济、环境、森林状况等条件而定，有时反比传统方法低；②采伐后对保留林木蓄积的破坏与传统方法相比减少近60%(在巴西的研究中从51.5%减少到22.0%，两者相比，减少了57%)；③采伐前进行适当的规划使森林道路、集材道和集材场三者所占林地面积较采伐前没有规划大为减少(在巴西的研究中从20%减少到4.5%，减少了77.5%)；④对林冠的破坏从25%下降到11%；⑤木材总损失量减少1/2以上(干材损失从8.5%下降到3.9%，下降了54%)。

1.9.2 低影响森林采伐在实施中存在的问题

虽然低影响森林采伐在环境的破坏方面比传统的采伐方式有明显的优点，但在具体操作中也存在一些问题。

在花费方面，因为目前能够减少环境破坏的采伐方式在一些情况下要比传统的采伐方式花费多，一些森工企业局和私营企业主对收支结构特别是成本效益的长期评估等的认识不够，只顾眼前的利益，没有注意到长远的经济效益和生态效益，从而造成了资源的浪费和环境的急剧破坏。

在集材道、楞场的建设方面，由于立地条件和工作人员的技术水平的影响以及没有进行相应的培训，现在还没有达到满意的建设程度。

在执行减少对环境造成破坏的采伐方式时还存在一些问题，如缺少激励机制、观念没有转变、因价格昂贵没有购买有利于环境保护的设备、缺乏专业培训和指导等。

1.9.3　低影响森林采伐的应用前景

对于低影响森林采伐的具体技术以及对环境影响的研究，虽然现在还没有一个最好的方案，但许多国家已经进行了有益的尝试。

许多热带国家开始将改进的森林采伐作业作为森林作业条例的内容，而其他一些国家则在制定减少环境影响的采伐指南，或者同时制定这两方面的法律和文件。森林采伐作业条例主要是应用于木材生产的一套标准和规范，而减少环境影响的采伐指南则是作业条例的补充，为作业条例的执行提供更详细的操作规定。

过去几十年所形成的热带森林采伐作业条例，主要包括以下要点：

①采伐规定应该基于商业树种的生态学知识；

②立木蓄积的伐前调查及现有道路和集材道位置的图件；

③改进的道路规划、建造和维护，以提高采运和集材的效率；

④减少集材道及楞场的面积，使土壤侵蚀降到最小；

⑤采伐要对现存树木的伤害降至最小；

⑥开展培训，以提高整个木材收获的效率，减少事故率；

⑦进行树木标记和制图，以提高木材采运的效率，减少废材，降低原木损失；

⑧实行定向采伐，以改善工人的安全状况；

⑨集材人员应注意保护幼苗幼树及靠近集材道和楞场的林木；

⑩采伐后的集材道、运输道路、楞场等的封闭、排水和植被恢复；

⑪对保留林分伐后的评估，包括毁坏的林木、伐后道路及集材道排水的质量，楞场的植被恢复以及营地的封闭等。

第2章

森林资源分布与森林经营理论

2.1 全球森林资源概况

2.1.1 全球森林资源的地区分布

2.1.1.1 亚洲及太平洋地区

在亚洲和太平洋区域，将近1/3的土地总面积被森林覆盖。据《2010年全球森林资源评估》估计，2010年该区域的森林面积为$7.4\times10^8hm^2$，约占全球森林面积的18%。

过去20年中，亚太地区的森林范围发生了显著变化。在20世纪90年代该区域每年森林净损失为$70\times10^4hm^2$，而在过去10年中，森林面积每年平均增加了$140\times10^4hm^2$。通过植树造林计划，主要是中国、印度和越南的造林项目，人工林面积大大增加。

尽管在区域层面报告森林面积净增加，但许多国家的森林砍伐速度仍然很高。过去10年，东南亚的森林面积下降幅度最大，每年森林净损超过$90\times10^4hm^2$。不过，与1990—2000年期间每年减少$240\times10^4hm^2$相比，净损失速率已经明显下降。

原生林占本区域森林总面积的19%。指定为主要用于生物多样性保护的森林面积占森林总面积的14%。尽管在过去10年里，亚太地区指定用于生物多样性保护的森林面积有所增加，但该地区所有分区域的原生林面积都有所减少，指定用于水土资源保护的森林面积变化程度在各分区域之间有所不同。过去10年中除了南亚和大洋洲分区域外，生产性森林面积有所下降。整个区域的木材采伐规模也有所减少，主要因木质燃料采集减少所致。与全球总数相比，该区域森林产品初级生产的就业水平非常高。

20世纪90年代，近东指定用于生产功能的森林面积有所减少，但在过去10年又略有上升，该区域占全球木材采伐量的比例很低。

2.1.1.2 非洲

根据《2010年全球森林资源评估》，非洲森林面积估计有近$6.75\times10^8hm^2$，约占全球森林总面积的17%，占该地区土地总面积的23%。

1990—2010年期间，非洲森林面积继续减少，但总体上该地区森林净损失的速度有所放缓，该区域森林净损失速度从1990—2000年10年期间的每年$400\times10^4hm^2$降低至2000—2010年的每年$340\times10^4hm^2$。由于该地区人口增长，木质燃料采伐量猛增。然而，非洲占全球木材采伐价值的份额仍然大大低于其潜力。该地区有近50万人从事森林产品的初级生产。

非洲的人工林面积也有所增加，尤其是在西部和北部非洲。其中某些树木种植是为了避免荒漠化扩大，而其他项目则是为了确保工业用材和能源供应来源。该区域大约 10% 的森林总面积属于原生林。非洲森林总面积的 14% 左右被指定用于生物多样性保护，其面积的显著增加，主要是因为中部和东部非洲的某些森林功能划定变化所致。不过，生产性森林面积有所下降。

2.1.1.3　欧洲

欧洲区域由 50 个国家组成，森林面积略超过 $10 \times 10^8 hm^2$，约占全球森林面积的 25%。根据《2010 年全球森林资源评估》的统计，欧洲森林覆盖率约为其土地总面积的 45%，从摩纳哥的 0% 到芬兰的 73%。

在过去 10 年中，该区域每年森林面积净增近 $70 \times 10^4 hm^2$，而在 20 世纪 90 年代每年净增近 $90 \times 10^4 hm^2$。森林面积的扩展是新森林营造和在原农业用地上森林自然扩展的结果。与其他区域相比，欧洲是整个 1990—2010 年期间唯一森林面积净增加的区域。俄罗斯占欧洲森林面积的 80%。

全球原生林面积比例为 36 %，欧洲被划为原生林的面积比例为 26%，欧洲森林总面积的 4% 位于正式建立的保护区内。排除俄罗斯，这个数字上升到 12%。过去 20 年中，该区域被指定用于保护目的的森林面积加倍。该区域指定用于水土保持的森林面积也呈增加趋势，主要是因为俄罗斯采取此类行动的结果。

欧洲指定用于生产功能的森林面积比例要高于世界其他地区。在 20 世纪 90 年代，指定用于生产功能的森林面积有所下降，但这一趋势在过去 10 年内扭转为上升趋势。在过去 20 年间，欧洲的木材采伐趋势有升有降，在 2008—2009 年，欧洲经济衰退导致对木材需求减少而使木材采伐量有所下降，森林产品初级生产的就业水平有所下降，而且预计在未来仍将维持这一趋势。

2.1.1.4　拉丁美洲和加勒比

拉丁美洲和加勒比区域拥有丰富的森林资源，2010 年森林覆盖率几乎达 49%，几乎 1/2 的土地被森林覆盖。森林面积约为 $8.91 \times 10^8 hm^2$，约占世界森林面积的 22% 左右。

拉丁美洲和加勒比区域的原生林占森林总面积的 75%，占世界原生林面积的 57%，原生林主要位于人迹罕至的地方。在拉丁美洲和加勒比，14% 的森林面积被指定主要用于生物多样性保护，该地区约有 14% 的森林面积被指定用于生产功能。木材采伐量继续上升，其中 1/2 以上为木质燃料采伐。

2.1.1.5　近东区域（近东区域划分为 3 个地区：北非、中亚和西亚）

虽然近东约占世界陆地面积的 16%，但截至 2010 年仅包含世界森林面积的 3%。2010 年该区域森林总面积为 $122 \times 10^4 hm^2$，占陆地面积的 6%。该区域包括 33 个国家和地区，其中 26 个国家为森林占国土面积不到 10% 的“低森林覆盖率国家”，近东的原生林占森林总面积的14%，其中80%以上位于苏丹境内。过去20年来，该地区的人工林面积增加了约14%，主要是由于西亚和北部非洲这些面积扩展的结果。

在20世纪90年代，原生林面积每年减少了大约$10 \times 10^4 hm^2$，但之后基本保持稳定。过去10年中，该区域指定用于生物多样性保护的森林面积平均每年增加了$8.5 \times 10^4 hm^2$，到2010年已接近该区域森林总面积的近13%。在过去20年，该区域还致力于增加水土保持的森林面积。

2.1.1.6 北美洲

2010年北美洲森林覆盖率为34%，占全球森林面积的17%。在1990—2010年期间，北美洲的森林面积略有增加，人工林面积也有所上升。

在2010年，北美洲原生林面积占全球原生林总面积的25%，占该区域森林总面积的41%。与其他区域相比，木质燃料采伐占木材采伐量的比例很小(约10%)，其余的木材采伐为工业原木。过去10年美国和加拿大林业部门的就业人数呈下降趋势。

2.1.2 全球森林资源的特点

全球森林资源主要分布在南美洲、北美洲、亚洲北部和东南部、非洲赤道附近、欧洲北部、俄罗斯、新西兰、澳大利亚等。其中北半球集中了95%以上的针叶林，90%的温带阔叶林和90%以上的工业用材林。

联合国粮农组织网站(www.fao.org)公布的《2010年全球森林资源评估》(FAO，2010)收集了233个国家和地区提供的信息。对全球森林资源的状况作了概括，主要包括以下几方面：

(1)全球森林覆盖土地总面积31%

世界森林面积超过$40 \times 10^8 hm^2$，占全球陆地总面积的31%，人均森林面积$0.6 hm^2$。世界范围内森林资源分布不均匀，森林资源最丰富的5个国家(俄罗斯、巴西、加拿大、美国和中国)占全球森林总面积的1/2以上。10个国家或地区根本没有森林(如摩纳哥和卡塔尔)，54个国家的森林不足其土地总面积的10%。

(2)人工林面积不断增加，目前已占森林总面积7%

全球人工林面积估计为$2.64 \times 10^8 hm^2$，占森林总面积7%。2005年以来，人工林面积每年增加约$500 \times 10^4 hm^2$。3/4的人工林由本地树种构成，1/4为引入种。

从全球平均来看，所有森林的1/3是原生林，即没有明显人类活动迹象及生态进程未受到重大干扰的本地树种的森林。依法设立的保护区占全球森林面积的13%。2010年原生林面积最大的10个国家是：巴西、俄罗斯、加拿大、美国、秘鲁、印尼、玻利维亚、墨西哥、巴布亚新几内亚、印度。

(3)尽管毁林速度仍然很高但已开始有所减缓

20世纪90年代，毁林速度为每年约$1\,600 \times 10^4 hm^2$，但过去的10年，毁林速度下降到每年约$1\,300 \times 10^4 hm^2$。森林净损失率最高的巴西和印尼，同期森林损失率已明显降低。南美洲和非洲仍是森林净损失最大的地区。

在亚洲，2000—2010年，尽管南亚和东南亚的一些国家净损失率仍然很高，但森林面积出现净增长，主要原因是中国报告的大规模植树造林。而在澳大利亚，2000 年以来严重的干旱和森林火灾造成森林损失加重。

(4)森林病虫害、自然灾害在一些国家造成严重破坏

全球每年遭虫害破坏的森林约 3 500 × 10^4hm^2，主要分布在温带和寒温带地区。20 世纪 90 年代末以来，病虫害破坏了加拿大和美国西部超过 1 100 × 10^4hm^2 的森林。空前的疫情因冬季的气温较高而恶化。严重暴风雨、雪和地震也给大面积森林造成破坏。

2.1.3　全球森林资源的类型

(1)热带雨林

热带雨林分布于赤道及其两侧的湿润热带地区，是目前地球上面积最大，对维持人类生存环境起最大作用的生态系统。主要分布在 3 个区域：南美洲的亚马逊流域；非洲的刚果盆地；东南亚一些岛屿，往北延伸入我国的西双版纳和海南岛南部。

热带雨林分布区的气候特点是：高温、高湿、常夏无冬，年降水量超过 2 000mm，且分配均匀。热带雨林具有极为丰富的物种，层次结构复杂。初级生产者以高大乔木为主，并附有多种藤本及其他附生植物。消费者有各种大型珍贵动物，如长颈鹿、象、猴、蟒、鸟、昆虫种类丰富。

树木种类繁多，主要供应阔叶树材，如南美的青紫苏木、绿心木；非洲的非洲梧桐、非洲桃花心木；亚洲的龙脑香木、柚木、檀香等。

(2)常绿阔叶林

常绿阔叶林分布在亚热带湿润气候条件下，它是亚热带大陆东岸湿润季风气候下的产物，主要分布在欧亚大陆东岸北纬 22°~40°。其中，我国常绿阔叶林是面积最大、发育最好的一片。

常绿阔叶林区夏季炎热多雨，冬季少雨而寒冷，春秋温和，四季分明。年平均气温 16~18℃，冬季有霜冻，年降水量 1 000~15 00mm，主要分布在4~9 月，冬季降水少，但无明显旱季。

常绿阔叶林结构比热带雨林明显简单，高度明显降低，乔木一般分两个亚层。上层林冠整齐，一般高 20m，很少超过 30m，以壳斗科、山茶科等常绿树为主。第二亚层树冠多不连续，高 10~15m，以樟科、杜英科为主。灌木层较稀疏，草本植物以蕨类为主，藤本、附生植物仍常见，但不如热带雨林。

(3)落叶阔叶林

落叶阔叶林又称夏绿林，分布于中纬度湿润地区。分布区的气候特点是：四季分明，夏季炎热多雨、冬季严寒，年平均气温 8~14℃，年降水量 500~1 000mm 且多集中在夏季，土壤为褐色土和棕色森林土，较为肥沃。这类森林主要分布在北美中东部、欧洲及我国温带沿海地区。夏季盛叶，冬季由于寒冷落叶，初级生产者是各种以落叶方式过冬的阔叶树种，如栎、桦等，林下有一个明显的灌木层和草本层。消费者多为松鼠、鹿、狐狸、狼、鸟类等。

(4)北方针叶林

分布于北纬 45°~70°，主要在原苏联、瑞典、芬兰、挪威、加拿大和美国。通常称

为北方针叶林，也称泰加林。主要分布在北半球高纬度和高海拔地区，气候特点是夏季凉爽而冬季寒冷，植物生长期短，年降水量一般 300～600mm，土壤为棕色土，土层浅薄。初级生产者多为冷杉、云杉、落叶松、松木等针叶树种，结构简单。林下常有耐阴的灌木层和适合于冷湿环境的苔藓层。消费者为兔、鹿、鼠、鸟及名贵的毛皮兽，如虎、熊等。

2.2 我国森林资源概况及特点

2.2.1 我国森林资源总体概况

2.2.1.1 第七次全国森林资源清查

第七次全国森林资源清查于 2004 年开始，历时 5 年，清查面积 $957.67 \times 10^4 km^2$，动用 2 万人。据第七次全国森林资源清查，全国森林面积 $1.95 \times 10^8 hm^2$，森林覆盖率 20.36%，活立木总蓄积 $149.13 \times 10^8 m^3$，森林蓄积 $137.21 \times 10^8 m^3$；天然林面积 $1.2 \times 10^8 hm^2$，天然林蓄积 $114.02 \times 10^8 m^3$；人工林保存面积 $0.62 \times 10^8 hm^2$，蓄积 $19.61 \times 10^8 m^3$，人工林面积继续保持世界首位。

与第六次森林资源清查(1999—2003)相比，森林资源的特点与变化情况表现在：

(1)森林面积、蓄积增长，森林覆盖率提高

森林面积净增 $2\,054.3 \times 10^4 hm^2$，全国森林覆盖率由 18.21% 提高到 20.36%，上升了 2.15 个百分点。

活立木总蓄积净增 $11.28 \times 10^8 m^3$，其中森林蓄积净增 $11.23 \times 10^8 m^3$，年均净增 $2.25 \times 10^8 m^3$。

(2)天然林面积、蓄积增长，天然林资源保护工程区增幅明显

天然林面积净增 $393.05 \times 10^4 hm^2$，天然林蓄积净增 $6.76 \times 10^8 m^3$，生长量继续大于消耗量，森林资源长消盈余进一步扩大。天然林资源保护工程区的天然林面积净增量比第六次全国森林资源清查多 26.37%，天然林蓄积净增量是第六次全国森林资源清查的 2.23 倍。

(3)林木生长量大于消耗量

林木蓄积年净生长量 $5.72 \times 10^8 m^3$，年采伐消耗量 $3.79 \times 10^8 m^3$，生长量继续大于消耗量。

(4)森林采伐逐步向人工林转移

天然林采伐量 $1.89 \times 10^8 m^3$，比上次清查减少 $0.25 \times 10^8 m^3$；人工林采伐量 $1.23 \times 10^8 m^3$，比上次清查增加 $0.43 \times 10^8 m^3$。人工林采伐量占全国森林采伐量的 39.44%，上升 12.27 个百分点。

(5)森林质量有所提高，森林生态功能增强

乔木林每公顷蓄积量增加 $1.15 m^3$，每公顷年均生长量增加 $0.30 m^3$，混交林比例上升 9.17 个百分点。

有林地中公益林面积比例上升 15.64 个百分点，达到 52.41%。随着森林总量的增加、结构的改善和质量的提高，森林生态功能进一步增强。中国林业科学研究院依据第七次全国森林资源清查结果和森林生态定位监测结果评估：全国森林植被总碳储量 78.11×10^8t、森林生态系统每年涵养水源量 4 947.66 $\times10^8$m^3、年固土量 70.35 $\times10^8$t、年保肥量 3.64 $\times10^8$t、年吸收大气污染物量 0.32 $\times10^8$t、年滞尘量 50.01 $\times10^8$t。仅固碳释氧、涵养水源、保育土壤、净化大气环境、积累营养物质及生物多样性保护等 6 项生态服务功能年价值就达 10.01 万亿元。

(6)个体林所占比重明显上升，集体林权制度改革成效显现

有林地中个体经营的面积比例上升 11.39 个百分点，达到 32.08%。个体经营的人工林、未成林造林地分别占全国的 59.21% 和 68.51%。

2.2.1.2 第八次全国森林资源清查

第八次全国森林资源清查于 2009 年开始，到 2013 年结束，历时 5 年，组织近 2 万名技术人员，调查、测量并记载了反映森林资源数量、质量、结构和分布，以及森林生态状况和功能效益等方面的 160 余项调查因子。调查结果显示：

全国森林面积 2.08 $\times10^8$hm^2，森林覆盖率 21.63%。活立木总蓄积 164.33 $\times10^8$m^3，森林蓄积 151.37 $\times10^8$m^3。天然林面积 1.22 $\times10^8$hm^2，蓄积 122.96 $\times10^8$m^3；人工林面积 0.69 $\times10^8$hm^2，蓄积 24.83 $\times10^8$m^3。森林面积和森林蓄积分别位居世界第 5 位和第 6 位，人工林面积仍居世界首位。

清查结果表明，我国森林资源呈现出数量持续增加、质量稳步提升、效能不断增强的良好态势。两次清查间隔期内，森林资源变化有以下主要特点：

(1)森林总量持续增长

森林面积由 1.95 $\times10^8$hm^2 增加到 2.08 $\times10^8$hm^2，净增 1 223 $\times10^4$hm^2；森林覆盖率由 20.36% 提高到 21.63%，提高 1.27 个百分点；森林蓄积由 137.21 $\times10^8$m^3 增加到 151.37 $\times10^8$m^3，净增 14.16 $\times10^8$m^3，其中天然林蓄积增加量占 63%，人工林蓄积增加量占 37%。

(2)森林质量不断提高

森林每公顷蓄积量增加 3.91m^3，达到 89.79m^3；每公顷年均生长量增加 0.28m^3，达到 4.23m^3。每公顷株数增加 30 株，平均胸径增加 0.1cm，近成过熟林面积比例上升 3 个百分点，混交林面积比例提高 2 个百分点。

随着森林总量增加、结构改善和质量提高，森林生态功能进一步增强。全国森林植被总生物量 170.02 $\times10^8$t，总碳储量达 84.27 $\times10^8$t；年涵养水源量 5 807.09 $\times10^8$m^3，年固土量 81.91 $\times10^8$t，年保肥量 4.30 $\times10^8$t，年吸收污染物量 0.38 $\times10^8$t，年滞尘量 58.45 $\times10^8$t。

(3)天然林稳步增加

天然林面积从原来的 11 969 $\times10^4$hm^2 增加到 12 184 $\times10^4$hm^2，增加了 215 $\times10^4$hm^2；天然林蓄积从原来的 114.02 $\times10^8$m^3 增加到 122.96 $\times10^8$m^3，增加了 8.94 $\times10^8$m^3。其中，天保工程区天然林面积增加 189 $\times10^4$hm^2，蓄积增加 5.46 $\times10^8$m^3，对天然林增加

的贡献较大。

(4)人工林快速发展

人工林面积从原来的 $6\ 169 \times 10^4 hm^2$ 增加到 $6\ 933 \times 10^4 hm^2$，增加了 $764 \times 10^4 hm^2$；人工林蓄积从原来的 $19.61 \times 10^8 m^3$ 增加到 $24.83 \times 10^8 m^3$，增加了 $5.22 \times 10^8 m^3$。人工造林对增加森林总量的贡献明显。

(5)森林采伐中人工林比重继续上升

森林年均采伐量 $3.34 \times 10^8 m^3$。其中，天然林年均采伐量 $1.79 \times 10^8 m^3$，减少 5%；人工林年均采伐量 $1.55 \times 10^8 m^3$，增加 26%；人工林采伐量占森林采伐量的 46%，上升了 7 个百分点，森林采伐继续向人工林转移。

清查结果表明：我国森林资源进入了数量增长、质量提升的稳步发展时期。

2.2.1.3 我国森林资源存在的主要问题

(1)森林资源总量不足

我国森林覆盖率远低于全球 31% 的平均水平，人均森林面积仅为世界人均水平的 1/4，人均森林蓄积只有世界人均水平的 1/7，森林资源总量相对不足、质量不高、分布不均的状况仍未得到根本改变，林业发展还面临着巨大的压力和挑战。

(2)森林资源质量不高、生态功能较弱

我国林地生产力低，森林每公顷蓄积量只有世界平均水平 $131m^3$ 的 69%，人工林每公顷蓄积量只有 $52.76m^3$。林木平均胸径只有 13.6cm。龄组结构依然不合理，中幼龄林面积比例高达 65%。林分过疏、过密的面积占乔木林的 36%。林木蓄积年均枯损量增加 18%，达到 $1.18 \times 10^8 m^3$。进一步加大投入，加强森林经营，提高林地生产力、增加森林蓄积量、增强生态服务功能的潜力还很大。

(3)森林有效供给与日益增长的社会需求的矛盾依然突出

我国木材对外依存度接近 50%，木材安全形势严峻；现有用材林中可采面积仅占 13%，可采蓄积仅占 23%，可利用资源少，大径材林木和珍贵用材树种更少，木材供需的结构性矛盾十分突出。同时，森林生态系统功能脆弱的状况尚未得到根本改变，生态产品短缺的问题依然是制约我国可持续发展的突出问题。

(4)林地减少仍比较严重

5 年间，各类建设违法违规占用林地面积年均超过 $13.4 \times 10^4 hm^2$，其中约 1/2 是有林地。局部地区毁林开垦问题依然突出。随着城市化、工业化进程的加速，生态建设的空间将被进一步挤压，严守林业生态红线，维护国家生态安全底线的压力日益加大。

(5)营造林难度越来越大

从清查结果看，森林“双增”目标前一阶段完成良好，森林蓄积增长目标已完成，森林面积增加目标已完成近 60%。但清查结果反映森林面积增速开始放缓，森林面积增量只有上次清查的 60%，现有未成林造林地面积比上次清查少 $396 \times 10^4 hm^2$，仅有 $650 \times 10^4 hm^2$。

同时，现有宜林地质量好的仅占 10%，质量差的多达 54%，且 2/3 分布在西北、西南地区，立地条件差，造林难度越来越大、成本投入越来越高，见效也越来越慢，如期实现森林面积增长目标还要付出艰巨的努力。

生态产品依然是当今社会最短缺的产品之一，生态差距依然是我国与发达国家之间最主要的差距之一。

(6)森林灾害防控能力弱

我国每年森林受各种灾害影响面积占森林面积的比例远远超过世界平均水平，森林灾害防控的基础还比较薄弱，防控能力不足。

2.2.2　我国主要林区特点及木材生产资源

2.2.2.1　我国森林资源分布概况

长期以来，我国森林资源由于受人为活动和自然灾害等因素影响，其地理分布极不均衡，大部分森林资源集中分布在主要江河流域和山地丘陵地带。

从地域分布来看，森林资源分布总的趋势是东南部多、西北部少；在东北、西南边远省(自治区、直辖市)及东南、华南丘陵山地森林资源分布多，而辽阔的西北地区、内蒙古中西部，西藏大部分地区，以及人口稠密经济发达的华北、中原及长江、黄河下游地区，森林资源分布较少。随着中国政府生态建设力度的不断加大，以及西部大开发战略的实施，林业六大工程建设的推进，中国西部森林资源逐渐丰富，森林资源分布不均的状况将逐步有所改善。

按流域分布，我国十大流域中，森林资源集中分布在长江、黑龙江、珠江、黄河、辽河、海河、淮河等七大流域。七大流域土地面积占国土面积近 1/2，森林面积和森林蓄积分别占全国的 69.64% 和 64.22%。其中，长江流域、黑龙江流域的森林面积、蓄积约占全国的 1/2。珠江流域森林覆盖率最高，达 49.25%；长江流域森林蓄积最大，占全国的 26.69%；而黄河、海河和淮河流域森林覆盖率均低于全国平均水平。

中国陆地由北向南，森林主要类型依次为针叶林、针阔混交林、落叶阔叶林、常绿阔叶林、季雨林和雨林。

乔木林按优势树种(组)统计，面积比重排名前 10 位的有：栎类、马尾松、杉木、桦木、落叶松、杨树、云南松、云杉、柏木、冷杉，面积合计 8 620.69 $\times 10^4 hm^2$，占全国的 55.40%；蓄积合计 760 345.78 万 m^3，占全国的 56.90%。

在中国，除新疆只有栽培种外，全国都有野生栎类分布。落叶栎类多为喜光树种，一般较耐寒，如蒙古栎、辽东栎、麻栎、栓皮栎。常绿栎类较耐阴，一般对热量要求高。从水分条件看，落叶栎较耐干旱，而常绿栎类较喜湿润。耐旱力较强的有麻栎、栓皮栎、辽东栎、蒙古栎等。

2.2.2.2　我国主要林区

按林区分布，我国林区主要有东北内蒙古林区、西南高山林区、东南低山丘陵林区、西北高山林区和热带林区五大林区。五大林区的土地面积占国土面积的 40%，森林面积占全国的 70% 以上，森林蓄积占全国的 90% 以上。森林覆盖率以东北、内蒙古林区最高，西南高山林区最低；森林面积以东南低山丘陵林区最多，西北高山林区最少；森林蓄积以西南高山林区最多，西北高山林区最少。

在五大林区中，东北内蒙古林区，西南高山林区和西北高山林区天然林面积比重在86%以上，蓄积比重在94%以上，其中东北内蒙古林区的天然林面积比重达92.14%，蓄积比重达94.76%。东南低山丘陵林区和热带林区的人工林比重较大，其中东南低山丘陵林区人工林面积比重43.03%，蓄积比重33.45%。5个主要林区森林资源分布为：

(1)东北内蒙古林区

本区森林覆盖率67.1%；森林面积3 590.09 $\times 10^4 hm^2$，占全国比例16.68%；蓄积321 269.48 $\times 10^4 m^3$，占全国比例：24.04%。

东北内蒙古林区地理位置包括：黑龙江、吉林、内蒙古，包括大兴安岭、小兴安岭、完达山、张广才岭、长白山等山系。地处寒温带、气候湿润，山势和缓，森林资源丰富。优势树种为落叶松、桦木、栎类、阔叶混交林、针阔混交林。

该林区为国有林区，是我国开发最早、规模最大的林业生产基地，现有4个森工集团，包括84个林业局。

(2)西南高山林区

本区森林覆盖率23%；森林面积4 348.02 $\times 10^4 hm^2$，占全国比例20.2%；蓄积509 024.38 $\times 10^4 m^3$，占全国比例38.09%。

地理位置包括云南、四川、西藏的部分地区。该林区纬度低、海拔高、地形起伏大、水热条件优越，在川西、滇东南、西藏东部分布有原始林，主要树种是云杉、冷杉。本林区地处大江大河的源头，对保持水土、涵养水源有巨大的作用。

优势树种为栎类、云南松、云杉、冷杉、杂木、硬阔叶类林、桦木、思茅松、高山松、软阔叶类林等。

(3)东南低山丘陵林区

本区森林覆盖率51.97%；森林面积5 780.65 $\times 10^4 hm^2$，占全国比例26.86%；蓄积256 458.50 $\times 10^4 m^3$，占全国比例19.19%。

该林区包括江西、福建、浙江、安徽、湖南、湖北、广东、广西、贵州、四川等。本区属亚热带气候，气候温和、雨量丰富。优势树种有马尾松、杉木、栎类、软阔叶类林等。经济树种多，如油茶、油桐、漆树等。该林区是竹材的主要产区(占全国面积的86.7%)。一般称为南方集体林区。

(4)热带林区

本区森林覆盖率44.57%；森林面积1 180.37 $\times 10^4 hm^2$，占全国比例5.48%；蓄积86 260.91 $\times 10^4 m^3$，占全国比例6.46%。该林区又称华南热带季雨林区，包括云南、广西、广东、海南、西藏(部分)，分布于北回归线以南地区。

主要林区有海南岛及南海诸岛、台湾省南部及云南红河哈尼族彝族自治州和西双版纳地区。

主要树种包括：青梅、坡垒、龙脑香、娑罗双树等龙脑香科树木，并有蝴蝶树、人面子、番龙眼、山楝、麻楝、卵叶阿丁枫等热带树种。

(5)西北高山林区

本区包括新疆天山、阿尔泰山、甘肃祁连山、白龙江，子午岭，陕西的秦岭、巴山林区。本林区以天然林为主，大多分布于高山峻岭及水热条件好的山地。该林区在维护生态环境方面的意义重大。优势树种为云杉、栎类、软阔叶林、华山松、柏木等。

本区森林覆盖率 39.14%；森林面积 $508.86\times10^4 hm^2$，占全国比例 2.36%；蓄积 $53\ 093.23\times10^4 m^3$，占全国比例 3.97%。

(6)华北落叶阔叶林及油松、侧柏林区

该林区主要指华北山地零散林区，太行山和燕山等山地，森林呈块状零散分布。主要树种有散生的小片栎类、桦木、山杨为主的落叶阔叶林和小片的侧柏、油松等针叶林。有林地面积虽多，但分布不连片，只有一些面积较小的林区。

2.2.2.3　我国木材生产格局

今后一个时期，我国的木材生产格局将发生改变，通过优化发展布局，强化森林资源培育，提高木材供给能力。

在南方集体林区(江西、福建、浙江、安徽、湖南、湖北、广东、广西、贵州、四川)大力推进速生丰产林、工业原料林以及珍贵大径材基地建设，形成我国商品林发展和木材生产的重点区域。充分利用南方水热资源的优势，将南方集体林区作为我国商品林发展和木材生产的重点区域，实现我国木材生产从过去的北方国有林区，向南方集体林区的战略转移。

在东北内蒙古林区，加大森林抚育经营和保护管理的力度，建成大径材和珍贵用材战略储备基地。逐步停止东北内蒙古重点国有林区森林主伐，促进天然林资源的休养生息。大力发展速生丰产林、工业原料林以及珍贵大径材林，加快推进木材储备基地建设，不断增强木材和林产品的有效供给能力。

在平原地区，大力发展四旁植树，生态经济型防护林和建成以人工林为主体的补充木材供给的新兴产业基地，使平原林网成为我国商品林供应的主要补充基地。通过积极推进平原绿化、通道绿化、村镇绿化和森林城市建设，充分挖掘森林资源增长潜力。

该目标被概括为：“两个转移”“两个重点”，“两个转移”是从过去北方的国有林转到南方的集体林，由过去靠天然林转移到靠人工林；“两个重点”一个是平原林区，一个是东北林区。推进由单纯控制资源消耗向生态保护与产业发展并重的转变。

2.3　森林经营理论

为了更好地保护人类的生存环境，充分发挥森林的各种功能，世界林业发达国家已开始调整自己的森林经营理论与技术。加拿大提出了综合林地管理系统；美国正在完善森林生态系统管理；德国大面积推行“近自然森林经营”模式。

这主要是由于在世界范围内森林环境价值受到了高度重视。现代林业经营思想已经将保护生态环境放到重要的位置上。此外，人工林在许多方面存在不稳定性，培育纯林和皆伐不能满足对森林多种价值的需求。

目前，比较有代表性的森林经营理论，主要包括以下几种：

2.3.1 森林可持续经营理论

2.3.1.1 森林可持续经营的概念

森林是一个复杂的生态系统，是陆地生态系统的主体；也是人类社会生存与发展的重要支持系统。依据森林对人类及其生存环境的影响可区分为改善生态环境的作用和促进社会经济发展的作用。改善生态环境的功能在于形成有利于人类生存的自然环境；促进社会经济发展则指直接或间接地为人类社会提供就业机会、满足人的精神需求、提供多种林产品并为相关产业的发展创造有利条件。森林的作用决定了森林的特定效能，即决定了特定区域利用森林的目的，并且这个目的是一种预期的结果，而这一目的的实现则要求采取相应的经营制度和措施体系，即森林资源经营管理。

从 19 世纪初，德国林学家提出森林永续经营理论到今天的森林可持续经营，是人类社会进步，人类对森林认识不断深化和要求不断提高的具体表现。社会进入工业化时代后，木材原料需求快速增加，一个国家或一个地区森林资源的多寡对国民经济和人民生活水平的提高开始产生越来越大的影响。为做到森林的永续性生产，1826 年德国学者洪德斯哈根(Handeshagen)提出了法正林的经营模式，其核心思想就是森林年采伐量与年生长量之间的平衡。之后的 100 多年，以木材生产的永续收获为中心的法正林理论一直是指导森林经营的中心理论。尽管这一理论也曾受到过批判，但并没有从根本上动摇其在森林经营理论和实践中的地位。

20 世纪 70 年代，在人们对森林功能认识不断深化的基础上，以美国林业经济学家克劳森和塞乔等人为代表的林学家，提出了森林多效益主导利用的经营思想，向森林永续经营理论提出了挑战，拓展了人类对森林的利用空间。到 20 世纪 80 年代，由于经济快速发展，导致全球生态环境恶化，引起各国的关注。人类在深刻总结和反思的基础上，提出了可持续发展的思想，森林的可持续经营也随之产生。

关于森林可持续经营(Sustainable Forest Management)的概念，由于不同国家、不同区域的经济发展水平和人们对森林功能认识程度的差异，人们从不同的角度给出了不同的理解和解释。

1992 年联合国环境与发展大会通过的《关于森林问题的原则声明》文件中，对森林可持续经营的定义为："可持续森林经营意味着对森林、林地进行经营和利用时，以某种方式，一定的速度，在现在和将来保持生物多样性、生产力、更新能力、活力，实现自我恢复的能力，在地区、国家和全球水平上保持森林的生态、经济和社会功能，同时又不损害其他生态系统"。

虽然各国林学家对森林可持续经营的概念还莫衷一是，但大家的理念和所下定义的核心内容是一致的。目前，比较统一的观点可以表述为："森林可持续经营是通过现实和潜在森林生态系统的科学管理、合理经营，维持森林生态系统的健康和活力，维护生物多样性及其生态功能的过程，以此来满足社会经济发展过程中，对森林产品及其环境服务功能的需求，保障和促进人口、资源、环境与社会、经济的持续协调发展。森林可持续经营是实现生态文明的基础，是实现林业可持续发展的关键，是保障生态安全和建设小康社会的重要保障。

2.3.1.2　森林可持续经营

森林可持续经营与可持续发展的关系主要体现在社会、经济、生态环境 3 个方面。其中社会和生态环境的持续性，体现的是全人类的利益，即可持续发展的社会需要通过森林的可持续经营提供物质产品和生态环境服务功能。

联合国环境与发展大会后，各国对森林可持续经营的研究和实践，虽然在内容的表述方式上还存在一定的差异，但基本观点是一致的。即森林可持续经营是社会经济可持续发展的重要组成部分，是林业对社会经济可持续发展的最大贡献。森林可持续经营就是要通过对森林资源的科学经营，满足人们对森林生态系统在社会、经济、环境、文化、精神等方面的需求。

森林可持续经营与传统经营相比，森林可持续经营变成了一种社会行为，甚至是全球行为，要求全社会各部门的广泛参与，并且要密切注意国际上的发展动向与协调合作，要求真正打破林业部门一家经营和管理森林的传统观念，政府在森林可持续经营中具有特殊的作用。考虑到全球范围内，尤其是发展中国家森林生态系统经营、管理和利用的现实，转变经营思想，构建经济上可行、社会上可接受、生态上合理、符合可持续发展原则要求的森林经营模式体系，是森林可持续经营从理论走向实践的关键。

森林可持续经营的核心任务是增加森林产品的供给，提高森林的服务功能。森林资源及其物产在国民经济发展和人民日常生活中占有重要地位。林业建设的根本目的，就是满足国家建设和人民生活对林业产品和生态产品日益增长的需求。从国家利益角度考虑，一个分布合理、健康的森林生态体系的存在，对于促进经济的持续发展，维护国家乃至全球生态环境的健康是必不可少的。

作为像中国这样森林资源相对贫乏的发展中国家，必须把全面培育森林资源，作为林业建设最根本、最重要的任务。不仅要培育林木资源，而且要培育多种多样的植物、动物和微生物资源，不仅要培育速生丰产的林木资源，而且要培育珍贵、质好、价高的林木资源。以森林资源的持续发展为基础，为国家建设和人民生活源源不断地提供越来越多、越来越好的优质林产品和优美环境，满足人类生存发展过程中对森林生态系统中与衣食住行密切相关的多种效益的需求。

森林可持续经营的基本理念是追求生态、社会、经济三大效益的协调统一和持续发展。

2.3.1.3　森林可持续经营的目标

所谓目标指的是一种预先设定的将来要达到的情况和状态。从宏观的角度讲，传统的森林经营主要是以人类对森林资源的物质需求来考虑的，焦点是林木及其副产品的生产，主要目的就是追求最大的森林纯收益或林地纯收益。从森林在区域社会经济发展过程中的作用和预期目的角度考虑，森林可持续经营的目标是要通过对森林资源的科学经营管理，保持森林生态系统的健康、稳定和完整，提高资源的承载力，扩大其环境容量，主要目的是追求环境保护功能最大、森林游憩功能最大和社会福利贡献最大，促进社会经济发展，实现人口、资源和环境的协调发展。

森林可持续经营的宏观目标是一个高度综合的概念，是针对一般情况的，是多个因素相互作用的综合体。为了使森林可持续经营的理论和宏观经营目标走向实践和具有可操作性，必须探讨在宏观目标下的每一项具体目标。森林可持续经营的目标随森林的主导功能和作用不同可分为社会目标、经济目标、环境目标以及森林本身的目标。同时，对某一区域内的森林，在同一时间内会有多种不同的经营目标并存，对同一片森林在不同时期又会有不同的经营目标。所以，森林可持续经营的具体目标是动态变化的，是随时间和空间的变化而变化的。

(1)社会目标

持续不断地提供多种森林服务满足社会发展和人类进步对林业的不断增长的多种需求，包括为社会提供就业机会、增加收入、满足人的精神需求目标(如美学目的、陶冶情操目的、教育目的、文化目的、学术研究目的、宗教信仰目的、旅游观光目的等)。对于大多数发展中国家而言，森林可持续经营还具有发展经济、消除贫困的目标。

(2)环境目标

森林可持续经营的环境目标取决于人类对森林环境功能、森林价值的认识程度。就目前广泛认同的目标来看，主要包括以下一些内容：水土保持、涵养水源、二氧化碳储存、改善气候、生物多样性保护、流域治理、荒漠化防治等目标。森林可持续经营就是要坚持生态优先的发展原则，通过科学经营，建设和培育结构稳定、生物多样性丰富、功能完备的森林生态系统，从根本上为人类社会的生存发展提供适宜和可持续利用的生态环境，为满足人的精神、文化、宗教、教育、娱乐等多方面需求，提供良好的生态景观及其环境服务。

(3)经济目标

森林可持续经营的经济目标，可以从相互联系又彼此有一定区别的 4 个方面来考虑：

①通过对森林的可持续经营，获得多种林产品，带动林产工业的发展，为国家或区域社会、经济发展提供经济贡献。在一些发展中国家和地区以及森林资源丰富的国家，经营森林的目的之一就是要为其他产业的发展提供原始积累，因此，林业是国家重要的经济部门。

②通过对森林的可持续经营，使森林经营者和森林资源经营管理部门获得持续的经济效益。没有坚实可靠的经济基础做保障，不从根本上改善经济条件，开展森林可持续经营是难以想象的。在森林生态系统环境允许的范围内，追求经济目标的最大化和应得收益，是改善林业经济条件的关键。忽视经济目标，森林可持续经营就会失去动力，而超越生态环境界限，一味追求自身的经济目标，则会丧失森林可持续经营的基础。

③通过对森林的可持续经营，促进和保障与森林生态系统密切相关的水利、旅游、渔业、运输、畜牧业等一大批产业的发展，提高相关产业经济效益的目标。

④通过对森林的可持续经营，提高区域(流域)等不同尺度空间防灾减灾的经济目标。

(4)森林目标

健康的森林生态系统是森林可持续经营的社会、经济和环境目标得以实现的基础和前提。森林本身的可持续性也是人类经营森林的意愿和目的。也就是说，人类经营森林的目的最终要体现在森林的分布、数量、质量等诸多方面。森林本身的可持续性，同时也是森林经营思想的具体体现，反映了人类经营森林的生物、经济和社会的综合价值。需要指出的是，森林本身的可持续目标，不仅受特定区域社会经济发展水平的制约，同时也受制于特定区域的自然生态环境条件的影响。在实践中，对森林本身可持续性的具体界定，应根据森林经营的社会经济、自然环境综合背景来考虑，一般具体目标应包括像保护生物多样性的森林；维护森林生态系统生产能力的森林；维护森林生态系统健康和活力的森林；保持水土资源的森林；保持森林对全球碳循环贡献的森林；保持满足社会多效益需求的森林等内容。

2.3.1.4　森林可持续经营的要素

目前，由于定义的不同，所要求的森林可持续经营的主要内容也各有差别。然而它们大多具有如下共同要素。

(1)法律和政策框架

包括：遵循的法律法规、实行的所有权和使用权制度、林业机构执行的政策和承担的义务。

(2)森林产品的可持续和最优化生产

包括：经营规划制度、林产品的持续生产、经营效果的监测、保护森林免受非法活动的损害、发挥森林的最佳效益。

(3)保护环境

包括：环境影响评估、生物多样性保护、生态可持续性维护、化学品的使用、废弃物的处理。

(4)公众利益

包括：咨询和参与过程、社会影响评估、权力和文化的认同、与雇员的关系、对发展的贡献。

(5)其他专门针对人工林经营的一些要素

重点：造林规划、树种选择、立地管理、病虫害防治、天然林的保护与恢复。

2.3.2　生态系统管理理论

2.3.2.1　生态系统管理——从实践到理论的转变

生态系统管理，英文为“Ecosystem Management”，也有人译作“生态系统经营”(这里“Management”应是“管理”，而非“经营”。生态系统就如同一个集团公司，“管理”就是董事会，而“经营”，只是总经理)。森林生态系统“管理”即标志着一种“人”的高级思维活动和实践活动，这种活动其有明确的目的和方向。只有当事情的发生、发展过程和方向与人类的需求发生偏离时，才需要管理。生态系统管理概念的产生，就是因森林和林业问题而提出，并结合森林和林业发展中的生态学问题的解决而逐渐形成和发展起来的。

正如德国的采伐更新问题产生了“接近自然林业”的思想和理论一样，在美国西北部的天然针叶林林区，也产生了一种新的林业理论，这就是20世纪80年代由富兰克林教授等提出的“新林业”，到20世纪90年代普遍称为生态系统管理的理论。

“新林业”是为了反对20世纪60年代在美国盛行的皆伐人工更新的具体实际而提出的。因为新林业的含义不够明确，1992年美国林务局提出了生态系统管理这一术语。1993年4月2日，美国总统克林顿在俄勒冈州的波特兰市亲自主持了一个题为“森林会议(Forest Conference)”的大会，讨论美国当时林业所面临的问题，并组织了以托马斯为首包括有科学家和行政人员以及各行各业人员组成的生态系统管理评价组(简称FEMAT)，起草美国太平洋西北部地区森林资源经营方案，并为政府立法提供科学的依据。同年7月，该工作组发表了一本题为《生态系统管理：生态、经济和社会评定》的报告，阐述了生态系统管理这一基本指导思想的主要内涵。从国际上发表的大量文章来看，生态系统管理这一提法，在世界林学界和生态学界已经得到普遍的认同。生态系统管理是生态系统“可持续发展”的基础和途径。

2.3.2.2 生态系统管理的内涵

美国生态学会生态系统管理特别委员会在1995年的一份评价报告中，比较全面、系统地阐述了生态系统管理的概念，生态系统管理必须体现和重视以下几个方面：①可持续性。生态系统管理把长期的可持续性作为管理活动的先决条件。②目标。在生态系统可持续性的前提下具体的目标应具有可监测性。③生态系统模型。在生态学原理的指导下不断建成适合的生态系统功能模型。并把对形态学、生理学及个体、种群、群落等不同层次上生态行为的认识上升到生态系统水平，指导管理实践。④复杂性和相关性。生态系统复杂性和相关性是生态系统功能实现的基础。⑤动态特征。生态系统管理并不是要保持生态系统某一种特定的状态和组成永远不变，动态发展是生态系统的本质特征。⑥动态序列和尺度。生态系统过程在广泛的空间和时间尺度上进行着。并且任何特定的生态系统管理行为都会受到周围生态系统的影响，因此，管理上不存在固定的空间尺度和时间框架。⑦人类是生态系统的组成部分。人类不仅是引起生态系统可持续性问题的原因，也是在寻求可持续管理目标过程中生态系统整体的组成部分。⑧适应性和功能性。通过生态学研究和生态系统监测，人类不断深化对生态系统的认识，并据此及时调整管理策略，以保证生态系统功能的实现。

2.3.2.3 生态系统管理的理论与实践

生态系统管理，按生态因子来分，可以分为水管理、土壤管理、生物管理、大气管理。但在实践中，森林生态系统管理是所有这些管理活动的综合，涉及多资源与生物多样性保护、生产力的维持与提高、森林健康活力的维持与提高、森林环境功能的改善等方面。

(1)森林生态系统健康与活力的维持和提高——突破传统认知的森林健康管理

森林生态系统会受到生物和非生物因素的破坏。例如，病虫害、干旱、霜害、火灾等，破坏的频率和强度随环境变化。破坏的周期越短，恢复森林生态系统原有的健康状况需要保留的面积越大。

当我们要预测某一森林病虫害发生情况时，过去的历史记录十分必要，尤其是灾害发生程度、强度和频率。一旦超过了历史水平，森林就可能遭受大的灾害，必须采取相应措施加以管理。

森林火灾和病虫害传统上都被认为是森林的大敌，而当今人们终于从一个新的视角来审视它们，从系统的高度来认识这两种自然现象，即把它们视作生态系统的一个组成部分来对待，从而在系统的高度上管理森林火灾和病虫害。

(2)森林生产力与森林健康的维护和提高——突破单一林分生长管理的系统综合管理

森林生产力是森林系统功能发挥的物质基础。传统的森林经营注重木材生产的单一价值，森林生产力直接意味着森林中林木的生长量。因此，经营活动集中于单一甚至是纯粹的林木或林分生长的管理，很少考虑森林生态系统其他组分的发展变化及其对林木生长的影响，而且忽视森林的生态和社会价值。现代森林可持续经营，则注重从生态系统综合管理的角度，提高系统的生产能力和生产量，并注重森林在环境保护方面的作用和社会价值。

2.3.2.4　森林生态系统管理技术

森林生态系统管理是实现森林可持续经营的基本途径，或者说，森林可持续经营是森林生态系统管理的目标，它主要解决两个问题：维持和恢复森林生长，改善和提高森林质量。森林生态系统管理的具体技术也在探索之中。这里仅以美国俄勒冈州安德鲁斯实验站所做的试验——绿树保持法(Green Tree Retention)为例加以说明。这些工作的主要目的是在立地和景观保护两个水平上，试行不同的主伐方式和育林方式，并对各种作业方法进行监测和评价，以寻求维持生态系统持续发展的合理途径。

(1)立地保护

森林生态系统在立地保护上的主要措施包括主伐方式、采伐剩余物处理以及倒木和枯立木的保持等方面。在主伐方式上，花旗松林区过去实行的是块状皆伐，伐后火烧清理迹地并进行造林。这种方式主要是从木材生产和用材林培育的观点出发，而对野生动物特别是对内部物种的保存不利，同时也容易造成保留林分的不稳定，如容易发生风倒等。新的作法主张采用一种称之为绿树保持法的作业方式。在采伐中要求保留一定量的达到成熟年龄的大径木、枯立木和病腐木，其目的是为各种野生动物和昆虫提供栖息场所和生活环境，因为这些活立木和枯立木都是维持生物多样性所必需的。对于林地上处于不同腐朽阶段的倒木也认为它们具有很大的生态作用，而主张将它们保留在林地上。这些倒木既是维持生物多样性所必需，同时对于林地营养物质的循环也起着重要的作用，因而也影响着林地长期生产力的维持。在采伐强度上，一般在20%~50%，所以说这种主伐方式近似渐伐但又不是渐伐，因为它只是采伐强度近似渐伐，但留下的大径木是为了维持野生动物生存的需要而不再采伐，并且在下一次采伐时，它们可能已经变成了枯立木和倒木。

在采伐剩余物的处理上，过去的做法是把它们在林地上堆积起来任其腐烂或者将它们烧掉，并认为这样的做法可以减免火灾的危险，减少病虫害的发生，同时将林地清理出来可为人工造林提供条件。森林生态系统管理强调采伐剩余物对于保持土壤营养物质循环的意义，主张对它们采取平铺的方法来处理。

(2)景观保护

森林生态系统管理在景观保护上的应用，主要表现在伐区的空间配置上。在美国的花旗松林区，过去主要采用交互块状的方式来配置伐区，伐区大小为10～20hm^2。这样做的结果使原来连续的原始林景观变成棋盘式的森林景观，其目的是：邻近的未被采伐的林分为采伐迹地提供种源，从而保证林地的天然更新。此外，这种作业法也便于林道修筑，能够创造对有蹄动物有利的生境，也能降低局部的侵蚀。但是，这种配置也带来一些不良的后果，如林缘木易风倒和死亡，有的地区还造成一些边缘种群的过度发展。鉴于此，目前生态系统管理在景观保护上的策略正由传统的“尽量提高景观中边缘比例”，向“尽量减少景观中边缘比例”的方向发展。

景观保护上的重要措施之一是在林区中特别重视河岸缓冲带。研究表明，有河岸缓冲带的河溪水生生态系统的水质、生物多样性以及水生生物栖息地的质量都明显优于没有河岸缓冲带的河溪生态系统。目前急需回答的问题是河岸缓冲带究竟应该保留多宽为好。美国西北部地区实行的方案是，缓冲带的宽度至少应当是树高的1.5倍。

2.3.3 近自然林业—恒续林经营法

2.3.3.1 德国的森林景观

德国不仅是一个高度工业化、人口密集的国家，同时也是一个森林资源富有的国家。高度的物质文明、有限的生存空间，促使人们对环境的高质要求。森林作为环境的一个重要组成部分，在德国备受重视。德国的森林面积为$1\ 070 \times 10^4 hm^2$，占整个国土面积的30%。其中，国有林面积为34%，集体林为20%，私有林为46%。德国的主要树种为云杉、欧洲赤松、山毛榉和橡树。尽管过去大面积种植针叶树，但目前德国的阔叶混交比例已达56%。云杉、冷杉和北美黄杉占森林面积的35%，欧洲赤松和落叶松占31%，阔叶树34%，德国的森林蓄积在欧洲占有重要位置，平均每公顷约为270m^3，每年每公顷的生长量为5.3m^3。德国森林具有可持续利用的潜力，每年可供采伐的木材大约为$5\ 700 \times 10^4 m^3$，而实际每年仅采伐$3\ 900 \times 10^4 m^3$。

德国专家认为森林除了它的疗养和游憩价值外，还具有重要的自然和环境保护功能。人们普遍认为保护森林的游憩作用要比其提供木材的作用更重要。德国居民更多地把森林当做疗养场所。在工业区每年每公顷的森林就有1 000人次游憩。$21.5 \times 10^4 hm^2$的森林被划作疗养林。此外，$270 \times 10^4 hm^2$的森林作为自然公园供居民疗养之用。也就是说，德国森林面积约1/3发挥疗养功能。

2.3.3.2　森林经营模式

众所周知，德国最早进行了人工林的大面积实践，在经历了曲折的发展之后，“近自然林业理论”应运而生，并产生了积极的效果。

(1)恒续林的概念

“恒续林”这一词的出现虽有100多年的历史，然而它的快速发展还是20世纪50年代的事。其发展滞后的根本原因是19世纪法正林思想一直在欧洲林业中占主导位置。

1882年，德国林学家盖耶尔提出了恒续林思想，认为森林的稳定性和连续性是森林的自然本质，强调择伐，禁止皆伐作业。1922年，密勒接受了盖耶尔的思想，进一步发展和形成了他自己的关于恒续林的理论，提出了恒续林经营。1924年，克儒驰提出合乎自然的用材林理论。1950年，克儒驰和韦克在密勒的恒续林基础上提出了合乎自然的森林经营理论。合乎自然的森林经营，其特点就是在经济与生态之间，经济与环境保护之间求得某种协调与和谐的关系。虽然恒续林经营的思想在如今已发生了很大的变化，但目前人们仍用恒续林这个概念区别传统的法正林。

德国林学家马尧克在他所写的《一个替代皆伐的恒续林育林系统—转变同龄人工林为异龄林的实践指南》中认为，恒续林育林系统本身不只是一个育林制度，它包含着若干个育林制度，但不包括皆伐。J. E. Garfitt(1995)提出，恒续林实质上是对土壤和生态系统的干扰应保持最小。德国哥廷根大学 Klaus von Gadow(1998)教授在《可持续森林管理》中更为明确地指出，恒续林主要特点是单株采伐利用，其育林技术被称为“森林园艺”。

综合以上学者的观点，恒续林具有以下特点：

①非皆伐作业，最好方式为单株采伐利用，林地持续地在林冠覆盖下，土壤不裸露；

②复层混交异龄林，保持不确定的年龄状态，蓄积量水平是波动的，间伐与主伐不是截然可分的，评价林分的其他因子是定期生长量；

③任何措施对森林系统的干扰应达到最小；

④确保森林的生产功能，即允许收获一定数量的木材；

⑤强调充分利用天然更新，但并不完全排除人工更新。

可见，恒续林经营模式既能发挥森林的生产功能，又能保证森林的社会和环境功能。它的特点是异龄、混交、复层、高产、稳定。森林的生长是一个持续的过程，整个森林无龄级之分，也没有成熟龄、轮伐期的概念。森林生态系统中林木的不同发育阶段，不为林分条块分割，而是在时间上和空间上都处于同一经营单元内。不同年龄或不同种的树木相互依存、相互制约、形成马赛克式的镶嵌体，保持了森林内部的持续稳定性。恒续林的经营技术特点是，在同一块林地上各种育林措施如抚育、更新和采伐等可同时进行；放弃皆伐；避免破坏林地的整地方式；采用单木方式的利用。实际上，恒续林育林系统首要的是强调培育森林，而传统的法正林系统则更注重森林的木材利用。

(2)恒续林的现状与发展趋势

Klaus von Gadow 教授认为大规模应用新的育林系统已成为欧洲政策上的现实，包括逐渐转变传统的育林实践，培育混交异龄林，适地适树及单株采伐利用。尽管皆伐在欧洲有些地方还广泛存在，但总体上看，恒续林育林系统已取得了成功。如在瑞士、奥地利、德国放弃皆伐的政策已得到贯彻。瑞典近来也宣布对森林收获不实行皆伐。

英国积极推行恒续林育林系统，为此成立了恒续林推进组(Continuous Cover Forestry Group)，提出了适合于英国的育林系统，编制了《替代皆伐的恒续林育林系统—转变同龄人工林为异龄林的实践指南》，详细阐明了恒续林的适用场所及立地类型、潜在的优点和利益、潜在的花费（成本）与缺点等。

1950 年德国成立了自然的林业工作协会(ANW)，旨在大面积推行“近自然的森林经营”。即恒续林模式，在德国，恒续林经营已有成功的典范。如德国下萨克森州的斯岛芬堡林业局(Stauffenberg)已进行了 50 年的近自然森林经营实践，成为今天恒续林经营的典范，而萨克森州的伯恩托仁(Barenthoren)则成为恒续林的发源地。

德国实行合乎自然森林经营的具体做法是，利用单株采伐利用、实行天然更新，将人工针叶纯林改造为混交异龄林，形成多树种复层异龄林。这样做的效果，不但保护了生态环境，维护了好的林相，也提高了林地生产力，年平均生长量达到 $9m^3/hm^2$，年伐量可达 $6\sim7m^3/hm^2$，其中 50% 为主伐材，50% 为间伐材；而且通过目标树、目标直径培育法，培育珍贵树种，如橡树、山毛榉等，经营者也获得较高的效益。现在德国在近自然林业原则指导下，对过去云杉、松树纯林进行改造，以形成针阔混交林与异龄林；对现有的阔叶林通过择伐，以形成多树种(山毛榉、白蜡、橡树、槭树、椴树、花楸等)高产混交林。

目前，在国际上已将恒续林作为森林可持续经营的重要内容加以发展，皆伐作业越来越受到限制，单株采伐利用系统越来越受到重视。

(3)恒续林的育林模式

●复层混交异龄阔叶林的单株采伐

该模式将单株采伐系统与目标树经营相结合。首先确定培育的目的树种，而后确定目标树和目标直径。如德国黑森州施文寺堡林业局主要是培育橡树、山毛榉，在有的地方白蜡也是目的树种。山毛榉的目标直径 50~60cm，橡树为 55cm。达到这个目标直径的树即为成熟树，可以采伐。在抚育时，凡影响目标树木生长的伐去，不妨碍目标树生长的保留。达到目标直径的原则上可以采伐，但还要视当时的木材价格和林隙大小及更新情况而定。绝不同时采伐掉两株相邻的大径木。这样采一株形成一个林隙，更新幼树因得到光照而迅速生长，并促使喜光树种，如橡树、白蜡更新，从而形成一个更新的幼树群。不断地伐去成熟木，不断形成更新幼树群，这样在林分中，永远有林木覆盖和林木采伐，体现了可持续经营思想。

施文寺堡林业局对这样的育林系统总结了 13 条经验。充分利用立地生产力，创造健康稳定的森林结构；不断地进行抚育采伐，不断地改进现有林的疏密度；禁止皆伐；及时采伐不良林木、促进较好林木生长并有利于形成混交，目的在于提高林木抵抗不良环境的能力；利用单株采伐方式以解决混交林中林木的不同时间问题；坚持持续覆盖原则，采伐时不将相邻大径木同时伐掉，按照树高一倍的原则确定下一个相邻最近采伐木；围栏封育，防止动物危害更新幼苗；创造针阔混交林分，在幼林抚育中每次每公顷

采伐量不要超过 $30m^3$；控制伐木倒向，视幼树多少而定，在生长季到来之前将伐倒木运走；形成复层林冠覆盖，创造有利于生长稳定的小气候环境；景观格局保护上，不作机械式的空间配置规定；经营中不使用有毒化学物质(如除草、除虫、除鼠药剂等)；坚持经济性原则。按照上述经验进行抚育，降低更新费用、培育费用、卫生费用、提高收获木价值。

●复层异龄阔叶林的小块状择伐

德国下萨克森州林业科学院进行了复层异龄阔叶林的小块状择伐试验。小块状择伐的原则是考虑树种的生理生态特性。这里阔叶林以山毛榉为主，混生有白蜡、槭树，林型为石灰岩山毛榉混交林，生产力等级每年每公顷 $7m^3$，目标直径 65cm。开始为山毛榉纯林，最终形成山毛榉、白蜡及槭树混交林。以前用过团状择伐，但效果不好，形成树种很单一的林分。现在用小块状择伐，白蜡喜光，在林隙中能获得更新、生长；而山毛榉耐阴，可在林冠下及林隙周围更新。如不采用小块状择伐则白蜡更新不起来，而在山毛榉更新处，由于根系竞争，白蜡也长不起来，小块状择伐可形成多树种异龄混交。在设计择伐时，要形成若干个更新中心，采伐斑块的布设，凭技术人员的经验，根据成熟木、母树、更新幼树等分布情况确定。

●人工同龄纯林逐渐转变为异龄混交林的择伐

德国历史上营造了大面积人工林，主要是云杉和松类。由于人工林生态上的不稳定，如风害、酸沉降等形成较大危害，还由于大面积皆伐带来不利影响，因此，德国正在进行人工林的改造，目的是形成异龄混交林，并进行了各种试验。

第一个试验点位于海拔 500m 处，为云杉林，生产力等级为每年每公顷 $9m^3$。其改造属于目标直径利用，目标胸径为 45cm。但并不是将所有成熟木全部伐去，还要看林木分布和伐块大小。在林下种植了二年生的山毛榉(密度 $1m \times 1.5m$)，采伐时可能会损伤一些幼树，但由于种植的多，并不妨碍今后成林。8 年实验结果表明，山毛榉生长良好。同时对林下云杉的更新也严加保护，以便形成混交林。目标直径利用实际上是一种单株与小块状择伐相结合的择伐方式。

第二个试验点位于海拔 600m 处，为云杉林，生产力等级为每年每公顷 $9m^3$，其试验目的是为改造成山毛榉云杉混交林。改造时首先要考虑到该立地条件下的天然植被类型，依此确定进一步的发展目标。这里以前的顶极群落是山毛榉，所以改造时，林下仍种植山毛榉。1990 年进行了下层疏伐，1999 年又进行疏伐，包括伐掉一些粗的林木，目的是增加光照。目前，已经看到疏伐后云杉有良好的更新，同时伐去下木，种植山毛榉，一共进行了 32 块实验地，包括不同疏伐强度，不同栽植密度及不同栽植方式等，而后观测光照条件与幼树生长、云杉更新的关系，以便将来提供适宜的改造方法。光照强度一般疏伐前 15%，疏伐后能达到 20%~25%。

第三个试验点位于海拔 550~600m 处，为云杉林，生产力等级为每年每公顷 $8m^3$，1996 年根据林木生长状况对其进行疏伐，伐去的林木有大有小，在此种疏伐方式下，林下云杉幼树成群分布，林下小块栽植山毛榉及槭树等。云杉更新幼树密度很大，以后需要按一定距离进行间苗，以便形成云杉与山毛榉等混交林。

●通过封育，使受风灾危害的松林及云杉纯林迹地形成混交林

德国人工林经常受风的危害而成片风倒，在施文寺堡林业局以及在巴伐利亚州弗来森附近经常发生这种情况。通过设置铁丝网封育(主要防止野生动物如兔子及鹿的危害)，自然形成了松、云杉、山毛榉、桦木、槭树的混交林，生长良好。培育方法采取目标树培育法，伐去妨碍目标树生长的林木，将无碍的树木留下，以改善林木生长，防止冻害。将风害纯林迹地通过封育自然更新成混交林，这是一种成功的方法。此种方法要求迹地周围有残存的母树，有种子来源才能应用。

恒续林经营中结构调整(疏伐的规则，即林分中的林木保留或砍伐原则)，著名教授 Klaus von Gadow 认为，伐掉的树木包括：达到目标直径，威胁相邻优良树木生长，影响更新光照条件；保留的树木包括：高价值生长，遮阴或干形培育，物种多样性。

(4)生态林发展原则

德国下萨克森州以森林法规为基础，在制定州林业局的目标和任务中强调要坚持公益性、持续性和经济性原则。公益性原则指经营森林的目的是为了提高大众的利益；持续性原则指森林经营是为了当代和未来几代人持续而优化利用森林的多种效益；经济性原则指用最低的资金投入来使确定的目标尽可能得以实现。原则上森林的利用、防护和疗养功能是同等重要的。只有造林目标和方法同生态保护尽可能地协调一致，才能使森林的这些作用持续地以优化方式得以实现。

下萨克森州在林业政策法规的贯彻执行中，州政府还确定了更为具体的 13 条原则。这些原则主要是要求按照生态学的观点来经营森林，对州内森林经营具有法定约束力。13 条原则是：①保护土壤和选择适地树种；②扩大阔叶林和混交林；③强调生态健康有益性；④森林的天然更新优先；⑤改善森林层次结构；⑥坚持经济目标利用；⑦保留古树，保护稀有与濒危的动植物物种；⑧建立森林保护区网；⑨确保森林的特殊功能；⑩林缘的构造与抚育；⑪森林生态保护；⑫生态系统可承受的野生动物经营；⑬投入生态上可承受的林业技术。

2.3.4 生态采伐理论

2.3.4.1 生态采伐的产生

全球森林资源危机带来的一系列环境问题，已引起全世界的关注。世界许多国家都尝到了由于森林资源破坏所带来的苦果。为避免这种恶果的发生，在森林开发利用过程中，考虑生态环境保护已成为一种趋势和必然。

1986 年，北京林业大学陈陆祈教授和东北林业大学史济彦教授共同提出了“森林生态采伐”这一新名词，同年由中国林学会森林采运学会组织了全国森林工程领域的专家和林学界及生态学界的部分专家，在吉林林学院召开了森林生态采伐学术研讨会。这是中国森林工程界和林学界的专家们第一次共同讨论森林采运作业与森林生态环境保护问题，具有划时代意义。此后，国内越来越多的专家学者从事生态采伐研究，同时此方面的研究也受到了有关政府部门和林业企业的关注。但目前中国尚未形成适合自己国情和林情的森林生态采伐理论体系。类似的理论国外优先于中国，如美国的生态系统管理理

论、德国的近自然林业理论、法国的检查法育林择伐理论、原苏联的森林多效益理论等。

根据我国专家学者研究，对森林生态采伐的定义为：森林生态采伐是以生态学原理为指导，根据森林的生态学特性进行伐区区划、设计、山场作业及组织管理等森林经营活动，把森林资源的利用和生态环境保护有机结合起来，以达到森林持续健康稳定发展的目的。

2.3.4.2　生态采伐体系

森林生态采伐体系包含6个层次：①森林生态采伐问题的提出；②森林生态采伐的理论基础，包括生态学理论、生态经济学理论、森林可持续经营理论、森林生态系统理论、森林保护生物学理论；③森林生态采伐的概念；④中国森林经营模式；⑤森林作业与环境；⑥森林的恢复技术等。

2.3.4.3　生态采伐的原则与技术

(1)伐区配置应适当集中

伐区配置适度集中可减少森林景观破碎程度，也可减少道路修建费。

(2)采伐方式确定

天然林多为复层异龄林，无论是一般生态公益林还是商品林均应采用择伐，特殊情况下可以采用小面积皆伐。

(3)应伐木的确定

根据林分条件、树种的生物学特性和立地条件类型确定择伐树种和径级，低于该径级予以保留，高于该径级定为应伐木。每公顷应保留1~2株大径级老龄林木，在一定面积内要考虑保留下来的老龄木的树种搭配问题，它们可成为天然更新种源，也可为一些野生动物和微生物提供必要的生境。永久性地保留一定数量的具有各种腐烂程度和分布密度的站杆和倒木，满足野生动物和其他生物对这一特殊生境的要求，以达到维持采伐迹地生产力和保护生物多样性的目的。陡坡和石塘等地区的森林被采伐后，很难恢复。易造成水土流失地区的森林应禁止采伐。

(4)保护土壤、减少保留木损伤

为了减少迹地植被及表土层的破坏，减轻土壤压实和水土流失，减少保留木的损伤，在集材技术选择时应考虑畜力及小型机械或架空索道，逐步淘汰大型集材机械。

(5)伐区清理应考虑生物多样性的保护与地力的维持

现行采伐剩余物清理方法有堆腐法、带腐法、散铺法、火烧法及不清理任其自然腐烂法等。堆腐法主要用于择伐迹地，带腐法多用于皆伐迹地，且沿等高线设带，可减少水土流失。火烧法在中国南方和东北冬季作业多有采用，多项研究结果表明火烧清理法对长久维持地力不利，应予以取消。

目前中国伐区清理包含两个对象：①采伐剩余物；②林下藤条灌木。从生物多样性保护角度来说，应保留藤条灌木资源，如野生猕猴桃和山葡萄的遗传基因具有重要生态价值。

(6)保护珍稀及濒危植物

森林经营区内属于国家级及省级保护的珍稀及濒危植物，在以生态为导向的森林经营框架下，应加以保护、培育和发展。本地珍稀树种和濒危树种，应在适宜立地上开展有目的的补植，以保证本地珍稀树种和濒危树种的遗传潜力。

(7)扩大混交林

应提高和保护天然林树种多样性，可通过应伐木的选择和更新两条途径提高树种多样性。具体可采取栽针保阔、封山育林、培育人工混交林等措施来实现。

(8)调整森林生态系统结构

通过采伐和更新调整森林生态系统的树种结构、树龄结构、空间结构。树种结构调整措施主要有：更新时选择树种、成片或单株保护、树种混交与调控结合等培育和抚育措施进行。森林生态系统保持平衡的最佳树龄结构至今尚无定论，但要求树龄多层次性已成共识，实现树龄的多层次性可通过合理确定择伐应伐木、林窗更新与林冠下更新、保留老龄木等措施。为提高森林的生产力和质量，要求充分利用上层和下层的生长空间，最佳的空间结构由于立地条件和树种配置不同而有很大差异，调整空间结构可采取结构间伐、搭配个体发育不同的各个树种、树龄的多层次等措施。

2.3.5 多效益主导利用理论

20 世纪 70 年代，美国经济学家克劳森、塞乔提出森林多效益主导利用理论。他们认为，如通过集约林业生产木材，森林的潜力是相当可观的。他们提出的《全国林地多向利用方案》为林业分工论的创立奠定了基础。

克劳森等人主张在国土中划出少量土地发展工业人工林，承担起全国所需的大部分商品材任务，称为“商品林业”；其次划出一块“公益林业”，包括城市林业，风景林、自然保护区、水土保护林等，用以改善生态环境；再划出一块“多功能林业”。他们认为，全球森林将朝着各种功能不同的专用森林或森林多效益主导利用发展。

现在，多功能森林已经成为全世界森林资源培育的主流模式。全世界除了自然保护区和集约经营的工业原料林，中间就是主体部分—多功能森林。就像一架飞机，一翼是保护区，一翼是工业原料林，而机身就是多功能森林。多功能森林的最高境界是“永久性森林”，也叫“恒续林”，就是按照异龄、混交、复层模式经营的择伐林。

第 3 章

森林与森林环境

3.1 森林生态系统的组成和结构

联合国粮农组织(FAO)定义森林为：郁闭度大于10%，树高5m以上，面积不小于0.5hm^2。

森林生态系统是生态系统的一个重要类型，是森林生物群落与其环境形成的功能系统，森林是典型的完全的生态系统。

森林的生物成分包括：乔木、灌木、草本植物、地被植物及多种多样的动物和微生物等。

森林的环境成分包括：土壤、大气、气候、水分、阳光、温度等各种非生物环境条件。

3.1.1 森林的组成

3.1.1.1 森林中的植物

(1)乔木

乔木为多年生木本植物，有高大明显的主干，并有多次分枝组成庞大的树冠。一般乔木可明显地分为树冠和枝下高两部分，树干和树冠有明显区分。

通常乔木按树高可以分为：6~10m、10~20m、20m以上，分别称为小乔木、中乔木和大乔木。

例如，西双版纳的望天树，一般可高达60m之多，胸径1m左右，最粗的可达3m；而白桦就属于小乔木，一般高度不超过20m。

乔木按叶形和落叶与否，可以分为以下几类：

①针叶树　叶针形、条形或鳞片状，大多为常绿树种，树干通直、挺拔，树冠多为圆锥形，大多为优良的用材树种，如松、杉、柏之类。由针叶树种为建群树种组成的森林称为针叶林。

针叶树的主要种类包括：

a. 松树类。在我国，松树类包括：华山松、油松、马尾松、樟子松、湿地松、云南松、红松、落叶松等。松类树木多有鱼鳞状皮，最明显的特征是叶成针状，常2针、3针或5针一束。如油松、马尾松、黄山松的叶2针一束，红松、华山松的叶5针一束。

b. 云冷杉类。如鱼鳞云杉、红皮云杉、冷杉等，均为常绿针叶林。

c. 柏类。如侧柏、圆柏、崖柏、柏木等，柏类树木鳞叶，枝扁平、圆或四棱形。圆柏、侧柏、柏木、崖柏等均为世界上高级商用材。

d. 杉科类。如柳杉、水松、杉木等。杉木为我国特有树种，在中国长江流域、秦岭以南地区栽培最广。杉木生长快，材质好，木材纹理通直，结构均匀，不翘不裂，被广泛用于建筑、家具、器具、造船等各方面。

杉木在土层肥厚，气候温暖多雨，排水良好的山地或河堤生长迅速，树高可达30～40m，胸径可达2～3m，是生长快、经济价值高的用材树种。

②常绿阔叶树　常绿阔叶树具有常绿厚革质和表面有光泽的单叶，叶面宽阔且与光线垂直。由常绿阔叶树种为建群树种组成的森林称为常绿阔叶林，又称照叶林。通常此类林内的下木和草本植物稀疏，藤本和附生植物较多。

常绿阔叶林分布在亚热带湿润气候条件下，它是亚热带大陆东岸湿润季风气候下的产物，主要分布在欧亚大陆东岸北纬22°～40°，其中我国常绿阔叶林是面积最大、发育最好的一片。

常绿阔叶树以壳斗科、樟科、山茶科和木兰科中的常绿乔木为典型代表，种类丰富，如樟、楠、檫、栲、槠、木荷、水青冈等，其中许多是优良木材，如楠木、樟木等。

③落叶阔叶树　落叶阔叶树有较宽的叶片，叶上通常无或少茸毛，厚薄适中，叶片冬季脱落，由该类树种为建群种构成的森林称落叶阔叶林，又称夏绿林。落叶阔叶林林下常有落叶灌木和草本层，附生和藤本植物不多。

落叶阔叶林分布于北纬30°～50°的温带，中国的落叶阔叶林主要分布在东北地区的南部和华北各省。主要种类包括：栎、椴、杨、桦等。

(2)灌木和半灌木

灌木是次生木质部发达的多年生木本植物，无明显主干，分支从接近地面的节上开始，故茎轴系无枝下高和树冠的区分，高通常为1～3m(如高度不超过0.5m则称小灌木)。

如灌木枝条下部是多年生的，而枝条上部是1年生的，冬季死亡或干枯，则称为半灌木。灌木一般为阔叶，也有一些是针灌木，如刺柏等。

(3)草本植物

草本植物是次生木质部极不发达，茎秆纤细柔软的植物，常绿阔叶林中以常绿草本为主，常见有蕨类及莎草科、禾本科的草本植物。在落叶阔叶林中，草本植物四季变化相当明显。冬季，地上部分枯萎，以根在地下延续生命。春季，乔木没大量生叶时，抽叶开花，构成草本层(显著而美丽)。夏季和秋季，在乔木的遮蔽下，光照强度大大降低，有些草本植物则陆续结束生活周期，地上部分逐渐枯死。

(4)幼苗和幼树

一般将林地上通过下种或萌生而生长起来的一年生植株称为幼苗。将一年生以上，但未达上层林木高度1/2的称为幼树。幼苗幼树的数量、组成和生长状况关系未来森林状况，是森林经营中要保护的乔木后代。

(5) 蕨类

远古时期是高大的植物，经地质变迁而消亡。现在所遗留蕨类植物多为草本，多分布于山谷和林下阴湿之地，荒山也有成群生长。

蕨类是根、茎、叶构成的草本植物，不开花，不产生种子，以孢子繁殖。热带、亚热带分布较多。

(6) 苔藓植物

苔藓植物是小型陆生植物，高数厘米，生长于潮湿环境，可成片密布于地面或背阴树干上。苔藓植物有很强的保蓄雨水的作用，吸水量常超过体重的 10～20 倍，可以防止水土流失，涵养水源。死后能增加土壤有机质，改善土壤肥力。

(7) 地衣植物

地衣是真菌和藻类共同生长在一起的特殊植物。根据外部形态，可以分为壳状地衣、叶状地衣、枝状地衣等。

地衣对不良环境(旱、高温、寒)有很强的抵抗能力，多生长在岩石或树皮上，一些生长在岩石上的地衣可用特有的地衣酸风化解体岩石，促进土壤的形成。

地衣对有毒气体敏感，如 SO_2 等，可用于空气监测。

(8) 藤本植物(又称层外植物)

藤本植物茎干不能直立，必须借助别的植物伸展枝叶，以吸取充足的阳光和雨露，一些藤本植物可以提供果品、藤编材料，是重要的林副产品。但一些藤本植物会造成树干螺旋状沟纹，臃肿隆突，影响树冠正常发育，影响树木受光面积，削弱树木生长。

(9) 寄生植物

这类植物多定居于树木支干、树根上，这些植物不能进行正常的光合作用，主要靠从寄主植物内吸收全部或大部养分和水分。

(10) 附生植物

附生植物不跟土壤接触，其根群附着在其他树的枝干上生长，利用雨露、空气中的水汽及有限的腐殖质(腐烂的树皮)为生。

3.1.1.2　森林中的动物

地上动物包括兽类、鸟类、昆虫、其他节肢动物以及其他无脊椎动物。此外，还有各种土壤动物。

(1) 无脊椎动物

无脊椎动物身体中轴无脊椎，占动物总数的 95%，又可以分为：

①环节动物　环节动物身体由许多节构成，许多环节动物对森林生态系统的养分循环有重要作用。例如，蚯蚓能加速枯枝落叶层的分解，所以蚯蚓越多土壤肥力越高。

②软体动物　软体动物身体柔软，有外套膜，体外有贝壳，如蜗牛。

③节肢动物　节肢动物身体由许多体节构成，分为头、胸、腹三部分，足和触角是分节的。例如，各种昆虫，包括蚂蚁、蜂、蝗虫、蜘蛛、蟋蟀等。森林中的昆虫有些可以帮树木传授花粉，增加树木结实量，而大多数昆虫则吃食树叶、嫩枝，危害树木的生长发育。

(2)脊椎动物

脊椎动物身体背侧有许多脊椎骨构成脊柱，又可以分为：

①两栖类　幼体生活在水中，用鳃呼吸。有的成体生活在陆上，也能生活在水中，主要用肺呼吸，兼用皮肤呼吸。两栖类是从水生开始向陆生过渡的一个类群，皮肤裸露能分泌黏液。例如，青蛙，蟾蜍等。

②爬行类　身体腹面贴地爬行，体表覆盖角质的鳞片或甲，终身用肺呼吸，产大型有壳的卵。例如，蜥蜴、龟、蛇等。

③鸟类　有角质喙，无牙，身体被覆羽毛。前肢变成翼，体温恒定，卵生，有孵卵的本能。目前世界鸟类 9 021 种，我国有鸟类 1 269 种，绝大多数在森林中栖息，是森林不可缺少的组成部分。

④哺乳类　脊椎动物中的最高等一类，有完备而复杂的形态结构和生理功能。哺乳动物用肺呼吸，体温恒定，胎生，哺乳，体内有膈，体腔被膈分成胸腔和腹腔。我国大约有哺乳动物 450 种。如热带森林中的长臂猿、大象；亚热带森林中的金丝猴、穿山甲；温带和寒温带森林中的梅花鹿，松鼠等。

3.1.1.3　森林中的微生物

森林中的主要微生物包括：细菌、真菌、放线菌。

(1)细菌

细菌是最小的单细胞微生物，直径数微米，分布于森林土壤、空气、生物体内。细菌形态多样，呈球形、杆形、弧形、螺旋形，多营腐生或寄生生活，它们对森林生态系统的物质循环有巨大作用。

(2)真菌

真菌是仅次于细菌的第二大微生物类群，体形较细菌大，单细胞或多细胞。分为寄生性真菌(寄生于活的有机体)和腐生性真菌(寄生于生物的尸体)。

许多寄生性真菌导致森林发生病害，造成树木生长衰弱、死亡，如杨树溃疡病害。

有些腐生性真菌从木材中吸收营养使木材腐朽变质，而许多腐生性真菌和其他微生物一起，分解枯枝落叶，对树木养分循环起重要作用。有一些大型真菌是药材，如灵芝、虫草等，有些则是鲜美的食用菌，如香菇等。

(3)放线菌

放线菌是介于细菌和真菌间的单细胞微生物，菌丝纤细，从一个中心向周围放射生长。在森林中分布广泛，多见于土壤中，大多营腐生生活。有些生物体内能产生一些抑制或杀死细菌等微小生物的物质，称为抗生素，其中 2/3 左右是各种放线菌产生的。

3.1.1.4　森林中的非生物

森林中的非生物成分是指阳光、温度、大气、土壤、水、岩石等生物赖以生存的环境因素。

阳光是森林中生物成分不可缺少的能量来源，是森林生态系统唯一的能量来源。

温度主要指热量的多少，是维系森林中各种生物个体生理活动正常进行的必要条件，如种子发芽、树木光合、蒸腾作用等。大气为森林生物提供必需的气体和生存空间。土壤主要为森林生物提供水分、矿质营养，以及立足之地。

3.1.2　森林的结构特征

为了科学管理和培育森林，需要根据林木的特征，将森林划分为一些具体的单位，这些单位就是林分。每个林分的结构特征应该基本相同，而与周围其他林分有显著的差别。林分是森林经营的基本单位，也是森林调查中划分小班的主要依据。林分是按照重要的林木特征划分的森林结构的地域单元，所依据的主要特征有树种组成、林层结构、年龄结构、林木密度、林木起源和林地地位级等。在森林资源管理工作中，最重要的一项工作是进行经营单位的区划，而这种区划的基本单位小班就是根据林分的特征划分的。森林的结构特征主要表现在以下几个方面：

3.1.2.1　森林的树种组成

森林的树种组成是指组成森林的树种及其所占的比重，通常以每一树种的蓄积量(或胸高断面积，或株数)占林分总蓄积量(或胸高断面积，或株数)的十分数表示。根据树种组成可以将森林划分为单纯林和混交林。

(1)单纯林

单纯林是一个树种组成的森林，人工林中较常见，天然林中较少见。天然林其他树种比重10%以下的称为单纯林。

单纯林多出现在气候恶劣、立地条件差的地方，如高山、高纬度的各种针叶林。大兴安岭气候寒冷，代表性的落叶松为单纯林。小兴安岭，长白山气温较高，湿润，则混交林多。华北地区气温高，干燥，代表性的纯林为油松林、侧柏林。气候条件比较好的亚热带常绿阔叶林则多为混交林。在新采伐迹地，火烧迹地和撂荒地上，也常出现一些先锋树种最先形成单纯林(多为喜光树种，能适应环境条件较差的迹地，如马尾松等)。

到目前为止，中国人工林树种从南到北主要为桉树、马尾松、杉木、湿地松、火炬松、华山松、云南松、泡桐、杨树、刺槐、日本落叶松、长白落叶松等。少数几个树种大面积栽培，而且以针叶树为主。在南方各省阔叶树人工林面积不及5%。一些珍贵阔叶用材树种很少得到发展，如楠木、榉树、楸树、水曲柳、黄波罗等。

(2)混交林

混交林由两个以上的树种构成。通常在气候、土壤条件较为优越，适宜多树种生长的地段发生或人工营造。在天然林中树种混交的概念只是指乔木树种，而对于人工林，则不仅包括乔木树种，也包括灌木树种，因为为了提高森林的稳定性以及发挥森林的水源涵养和土壤保护的作用，灌木也时常是营造的对象。

混交林的树种构成一般采用以下方法表示：

按各树种的蓄积量占的十分比表示，如：10松，8松2桦，8杉2阔；蓄积量2%~5%的树种用+号表示，如8杉2松+檫；蓄积量占比重小于2%的树种用-号表示，如6松4枫香-木荷。

森林的树种组成也可以用某树种株数占林木总株数的比值表示。数量占优势的称优势树种，其他称为混交树种或次要树种。在一定条件下，经营利用价值较大的，为人们主要经营对象的称为目的树种，其他的称为次要树种。在某一群落中，常依树种的多少及其利用价值的大小，可以只确定一个主要树种，也可以确定几个主要树种。主要树种在数量上可能占优势，也可能只有少量。在传统林学思想中，有过分重视主要树种的倾向，从保存生物多样性的角度出发，应该认为优势树种和次要树种都是重要的。

(3)人工培育单纯林与混交林的比较

单纯林的优点基本是在管理技术方面，而混交林的优点则主要在生物学特性方面。混交林的形式可以包括：单株混交、群状混交、行间混交、不规则混交等。

●混交林的优点

a. 混交林能充分利用光能和地力

各个树种对于光照条件和土壤营养物质有不同的要求，如果将树种配置得当，则混交林可充分利用地上和地下空间，因而可更好地发挥土地生产潜力。

例如，耐阴树种和喜光树种混交可充分利用光照，深根性树种与浅根性树种混交可充分利用整个土层中的营养物质。

b. 混交林可以改良土壤，特别是针阔混交林

在显然能形成初始地被物和引起土壤其他不良特性的树种中混入能够改良土壤作用的树种，能够改善土壤的物理性，增加土壤化学营养元素的含量，增强土壤微生物活动，从而可以提高土壤的肥力。

针叶树的枯枝落叶量少，分解困难，会造成土壤肥力降低，混入阔叶树以后可以改善土壤的肥力。如德国的欧洲云杉、欧洲赤松曾因大面积发展单纯林造成地力衰退，混入桦树以后，地力得到了明显的改善。我国的马尾松、杉木与阔叶树形成的混交林，能促进针叶林枯枝落叶的分解。

由于上述因素的作用，在人工林的条件下，当树种选择恰当时，混交林的生产力会高于单纯林。

c. 混交林受气象因素的影响小

例如，根系浅的和根系深的树种混交可减少风害，常绿针叶树和落叶阔叶树混交可减少雪害等。

d. 针阔混交林可减少火灾

针叶纯林由于地表比较干燥，枯枝落叶易燃性很高，易受火灾，针阔混交林则可避免地表火蔓延。

e. 混交林可减少病虫害的蔓延

很多昆虫是单食性的，如马尾松毛虫、天牛、松材线虫等。混交林可防止虫害蔓延，此外针叶树混入阔叶树可为鸟类寄居创造条件，而鸟类可大量地消灭害虫。

f. 混交林适合于风景林

风景林建造中，混交林可以增加森林的景观美感。

尽管天然林大多是混交林，但受认识的限制，历史上国内外仍营造了大面积人工纯林，如德国历史上，大面积的欧洲云杉和欧洲赤松。我国建国后营造的马尾松、杉、桉树、杨树、泡桐、落叶松等单纯林。

●培育单纯林的优点

a. 营造技术简单，当机械操作时，这个优点更加突出。

b. 抚育采伐等经营管理相对容易，单纯林的抚育采伐和主伐技术都比较简单容易。

c. 可培育在不良的土壤上，在不良的土壤上能生长的树木很少，只能培育一些耐干旱瘠薄的树种，如马尾松纯林。

在培育短轮伐期的速生人工林时，单纯林有很明显的优势。

为了充分发挥混交林的优越性，必须研究混交林的最佳构成状态。混交林中的主要树种应该具有最大的高生长能力，或在最初受次要树种遮蔽时有相当良好的稳定性。次要树种应该有益于改善主要树种的干形和改善土壤条件，它们对土壤养分应与主要树种有不同的要求，并无共同的病虫害。

3.1.2.2 森林的层次分布

成层性是森林植物群落的基本特点。典型的森林包括4个层次：林冠层(乔木层)、下木层(灌木层)、草本层(草类)、苔藓层。各类植物的根系也按一定的顺序排列在不同深度的土壤中。

光照、温度、湿度、土壤肥力决定成层的复杂程度，如热带森林，乔木就有4~5层，亚热带森林乔木层一般两三层，寒带、寒温带层次就更少。

藤本、附生、寄生植物一般称为层外植物。

典型的层次划分，因年龄变得复杂，如乔木幼年处于下木层，草本层，苔藓层中。

乔木林冠可以分为若干亚层，根据层次多少可分为单层林和复层林(两个以上乔木亚层)。多树种组成的混交林常为复层林，异龄林多为复层林。

复层林的优点：

①复层林木生长量大于单层林，因复层林可有效利用太阳能，有效利用立体空间，并在时间上重复利用。

②复层林可以提高木材质量，增加木材产值。

复层林中，下层树木对上层林木可以起天然整枝作用，有利于培育无节材。

③复层林能更好地涵养水源，保持水土。

④复层林内良好的土壤水分条件与空气湿度使幼树成活率高。

一些树种在空旷的采伐迹地上保存率低，如椴树、水曲柳、核桃楸等，可在复层林内进行林内天然更新，或人工适当补栽。

3.1.2.3 森林的年龄结构

森林的年龄有时用年为单位，但林木寿命长，许多情况下采用概括的单位，常用龄级表示。

确定年龄最简单的方法是将树木伐倒查数年轮，如伐根较高，则应把从伐根上查得的年轮数和由地面长到伐根高度处所需年数加起来。确定树木年龄时，为减少破坏，可采取部分样木代替树木全部伐倒。

不同的树种，由于其生长特性的不同，故龄级的长短也不一样。生长缓慢的针叶和硬阔叶树 20 年一个龄级；生长中速的松类 10 年一个龄级；速生树种(如杉、泡桐、杨、柳)5 年一个龄级；竹林 2 年一个龄级。

(1)同龄林

凡一个林分内最老的树木和最小的树木年龄差别不超过一个龄级的，称为同龄林。

(2)异龄林

一个林分内，林木年龄相差一个龄级的称为异龄林。

林木的构成类型可能有多种形式，所以林木的年龄阶段只能针对单层单纯林的某一代而言。按照林业上的习惯做法，在森林的发育过程中，可以分为下列各个龄期及其相应的森林类别：

①幼龄林　一般指正在形成的森林，在实践上经常把第一龄级的林分称为幼龄林，这时林木处于更新阶段，前期森林未郁闭，后期则森林已经郁闭。

②竿材林　竿材林是森林生长的旺盛期，其树干可作竿材的林分，实践上常把第二龄级的林分叫做竿材林，这时林木高生长旺盛，林木自然稀疏强烈。

③中龄林　中龄林是直径生长和材积生长的旺盛期。

④近熟林　近熟林是林木生长已趋于缓慢，接近成熟但尚未达到成熟的林分。

⑤成熟林　成熟林指已基本停止生长而适于采伐的林分。

⑥过熟林　过熟林指已停止生长且有衰老特征、感染病害和开始腐朽的林分。

3.1.2.4　森林的疏密状况

(1)森林密度

森林密度指单位面积上林木的株数。经营中要保持合理密度，密度太大林分平均直径减少，不利于培育大径材。密度小，不能充分利用林地，而且不利于培育干形良好的木材。

(2)郁闭度

郁闭度指树冠彼此接触闭合的程度，通常用林冠垂直投影面积与林地总面积之比表示。1.0 表示林冠遮蔽整个林地，0.7 表示林冠投影占林地面积的 7/10。

森林更新后在森林的生长发育中，如不加干预，森林密度会不断变化，表现为随年龄的增长，单位面积的株数逐渐减少。林冠郁闭后，不同的林木在光、水分和营养物质上要发生激烈的竞争，而竞争的结果是造成一部分被压个体的死亡，这个过程被称为自然稀疏。因此，应及时间伐，疏开林冠，提高土壤温度，促进微生物活动和有机物分解。

森林培育的前半期，保持高的郁闭度可以促进高生长。后半期，保持较低的郁闭度，有利于干形的生长。

密度对于林木生长影响最大的，表现在对直径的影响上。密度越小，直径越大，当希望获得大径材时，初植密度应当比较稀疏，并且到一定的年龄必须疏伐。但密度小，林木会长得侧枝发达，造成木材多节，年轮宽，对于木材的品质有不好的影响。在一定密度范围内，密度对于树高没有影响，树高主要受立地品质的影响。

林分结构对冰雪灾害有重要影响，林分过密、过稀，均使受害加重。

3.1.2.5　森林的天然更新

(1)有性繁殖

有性繁殖指森林是通过种子繁殖的，由种子起源而形成的森林称有性繁殖林，也称实生林。多数针叶树，如红松、油松、华山松、马尾松、云杉、冷杉、杉木等，可形成实生林。一些阔叶树，如樟树、栎类等也可实生成林。

实生林早期生长慢，但寿命长、木材致密、对病虫害抵抗力强，能培育为大径材，在森林经营上又称为乔林。

树木达到成年时期，才开始开花结实。树木达到成熟期的早晚决定于树种，速生的喜光树种可能5~10年就开始结实。即使达到成年以后，一部分树种大多数年度均结实，完全不结实的年度少。另有相当部分的树种结实具有强烈的周期性，即经若干年后，有一个丰收年或称种子年，而在非种子年，则结实很少或不结实。

大粒种子重量大，容易扎根，含有较多的营养物质，可抵抗不利的外界条件容易成活。林地上的种子量比实际形成幼树的要多。

种子的散布，对有些树种来说，风最重要。很多针叶树，如落叶松、云杉、冷杉等有翅种子，它们的散布一般都靠风。有些阔叶树如杨、柳、桦等的种子小，靠风力可散布到1~2km以外。不过大多数靠风力散布的种子，最大的落种范围还是在母树附近几十米到100多米的范围内。

(2)天然无性繁殖

利用营养器官(茎、根、叶等)的再生能力，形成的森林称为无性繁殖林，又称萌生林。通常萌生林早期生长迅速，但寿命短，材质较为疏松，易感染病虫害，宜培育成中小径材，因而在森林经营上常称为矮林。

①萌芽更新　萌芽更新是当树干上部受到人为破坏或自然损伤时，由树木茎干上萌发出新的枝条并发育为新的个体而形成的森林。大多数阔叶树，如栎类、杨、柳、枫香、泡桐、刺槐、榆树、椴树等以及部分针叶树，如杉木、柳杉等具有较强的萌芽能力，由此形成的森林称为萌芽林。

②根蘖繁殖　树木地上部分受到破坏后，由地下根发芽产生的，根蘖主要产生于表土的细根上。如杨、刺槐、泡桐、臭椿等树种的根蘖能力都很强，由此形成的森林称为根蘖林。

③天然压条更新　压条更新是一株树木的下部枝条接触到土壤表面以后在相接处产生新的根系，并逐步形成一个新的个体，具备压条更新能力的树种很少。美国落基山的冷杉和云杉可以顺山坡，靠反复压条扩展自己。

大多数针叶树只能有性更新，而许多阔叶树两种方式均具备。

未受干扰的原始林和无林地，自然形成常为实生林，经人为或自然灾害后形成的天然次生林，常为实生林与萌生林混生。

裸地上首先更新起来的树种称为先锋树种，先锋树种适应采伐裸地的主要原因：一是靠种粒小，结实频繁，种子飞散能力强；二是靠生长的幼苗对裸地不良环境的适应，如山杨、白桦。由开拓树种形成的次生林一旦形成，就改变了迹地的环境条件，而当它们生长到一定阶段就会为耐阴树种的形成创造条件，于是形成复层林，上层由喜光的开拓树种构成，下层由耐阴的后期优势树种构成，前期上层对下层的作用主要是促进作用，后期优势树种的需光量增加，上层对下层的抑制作用越来越强。上层也可能与下层共生。

3.2 森林与环境的相互关系

3.2.1 森林的环境因素

森林的环境因素主要包括：

①气候因子　包括光照、温度、水分、空气。

②土壤因子　包括土壤的物理性质(如质地、含水量、土壤温度、通气性等)和土壤的化学性质(如有机质、酸碱性、微生物等)。

③地形因子　包括地貌(如平原、山岳、丘陵等)、海拔高、坡度、坡向、坡位、经纬度等。

④生物因子　包括：动物、植物、微生物等。

⑤人为因子　指人为活动对森林生长的干扰，如采伐、整地、造林更新等。

3.2.2 森林与光的关系

光是太阳的辐射能以电磁波的形式投射到地球表面的辐射线，是一切生物能量的源泉。

光是由波长范围很广的电磁波组成的，主要波长范围是150~4 000nm，其中人眼可见光的波长在380~760nm，波长小于380nm的是紫外光，波长大于760nm的是红外光，红外光和紫外光都是不可见光。在全部太阳辐射中，红外光占50%~60%，紫外光占1%，其余为可见光。太阳可见光由一系列的单色光组成，可见光谱中根据波长的不同，分为红橙黄绿青蓝紫。可见光的生态意义最大，红光有利于糖的合成，蓝光有利于蛋白质的形成。

全年平均光照度在赤道地区最大，随纬度的增加而减弱。

光照度还随海拔高度的增加而增强。此外，山的坡向对光照度影响也很大，山的南坡接受的光照比平地多，而平地接受的光照又比北坡多；较高纬度的南坡比较低纬度的北坡得到更多的日光能，因此，南方的喜热作物可以栽培在北方的南坡上生长。

在一年中，光照度随季节变化，夏季光照度最大，冬季最小，低纬度变化较小，高纬度变化较大。一天当中，中午的光照最大，早晚的光照度最小。一般来说，光照度在森林内将会自上而下逐渐减弱，由于林冠层吸收了大量光能，使下层植物对日光能的利用受到了限制，森林中的垂直分层现象受到影响。

3.2.2.1 光对树木的光合作用的影响

叶片吸收的全部太阳辐射能中，只有1%~2%通过光合作用变为化学能，其余变为热能消耗在叶片的蒸腾，一部分增加叶温并与周围空气进行热交换。

(1)光补偿点

光补偿点的光照强度是植物开始生长和进行净生产所需要的最小光照度。光合作用的强度受光照强度的制约，弱光下光合作用较弱，当光合作用的产品恰好抵偿呼吸作用的消耗时，此时的光照强度称光补偿点。长期处于光补偿点之下，树木的生长会停滞。

各树种的光补偿点是不同的，耐阴树种光补偿点较低，能较好地利用弱光。喜光树种的光补偿点较高。

(2)光饱和点

当光照强度增加到一定程度，光合作用增加幅度减慢，最后达到饱和，此时的光照称为光饱和点。此后，强光照引起蒸腾加剧，树叶失水过多，气孔关闭，光合作用减退甚至停止。

光照强度在光补偿点以下，植物的呼吸消耗大于光合作用生产，因此不能积累干物质；在光补偿点处，光合作用固定的有机物质刚好与呼吸消耗相等；在光补偿点以上，随光照增加，光合作用强度逐渐提高并超过呼吸强度，植物体内开始积累干物质；光照度达到一定水平后，光合作用产物不再增加或增加很少，该处的光照度就是光饱和点。

各树种只有在最适宜的光照强度下，光合作用的强度最大，制造的有机物最多，生长最快。

光补偿点和光饱和点在植物的不同生长期不同，一般在苗期和生育后期光补偿点和光饱和点低于生长旺期。几乎所有的农作物都具有很高的光补偿点和光饱和点，即只有在强光下才能进行正常的生长发育。

在森林不同生长发育阶段应保证森林适宜的密度和叶面积指数以充分利用光能。更新造林初期，幼林郁闭前，为充分利用太阳辐射和地力，进行林农间作或充分利用喜光树种的快速更新能力具有同样效果。多层次的林冠结构，有利于增大林冠的叶面积指数和林冠深度，形成垂直郁闭，从而更充分地利用光能。营造各种类型混交林，有利于光能利用和提高林地生产力，但必须注意使处于林冠上下层树种在耐阴性方面互相配合。

3.2.2.2 树种的耐阴性

根据树种能否在林冠的庇荫下正常生长并完成其更新的能力。树种可以分为：喜光树种、耐阴树种、中性树种。

(1)喜光树种

喜光树种只能在全光照或强光照下正常生长发育，林冠下不能完成更新。例如，落叶松、马尾松、樟子松、桦、杨属、桉属、柳属、刺槐等，喜光树种的更新需要足够的阳光。一般说，喜光树种比较耐干旱或瘠薄的土壤。

(2)耐阴树种

林冠下能否完成更新过程和正常生长是鉴别树种耐阴性的主要依据，耐阴树种能在林冠下完成更新过程并正常生长，一些强耐阴树种只有在林冠下才能完成更新过程，如云杉、冷杉、杜英、红豆杉、紫杉等。

(3) 中性树种

介于两类树种之间，大多数树种属于此类，对光照有较广的适应能力。在全光照下生长良好，也能忍受一定程度的庇荫。例如，红松、杉木、水曲柳、香樟、侧柏、榆树、毛竹、椴树等。

中性树种的耐阴性与耐阴植物相似，既可以在强光下生长良好，又能忍受不同程度的遮阴，对光照有较广的适应能力。

3.2.2.3 树木耐阴性的影响因素

除遗传特性，树木的耐阴性还与下列因素有关:

(1) 年龄

树木的耐阴性随年龄的增长降低，树木在幼小时期比较耐阴，随着年龄的增长需光量逐渐增加，特别是壮龄以后，耐阴性显著降低。

(2) 气候

生长在湿润温和的气候条件下，树木比较耐阴，在干燥寒冷条件下多趋向喜光。同一树种在低纬度温暖湿润地区往往比较耐阴，随着北移或海拔的升高，即随温度的降低，需光性增强，耐阴性降低。

(3) 土壤

肥沃的土壤上树木的耐阴性较强，生长在湿润肥沃土壤上的同一树种，比生长在干燥贫瘠的土壤上耐阴性强。

3.2.2.4 光照对树木生长的影响

光照度还影响树木成花结实，较高的光照度使树木的结实量增加。一般说来，植物个体对光能的利用效率远不如群体高，植物群体中对反射、散色和透色光的利用比植物个体充分的多。

光照对树木树冠的形态有很强的塑造作用。孤立木，树木四周没有树木遮阴，光照充足，可以形成庞大的树冠，枝条发达，叶量很大。森林中多个树木生长在一起，相互遮阴，只能在树冠的上方接受到充足的光照，树冠下部光照不足使枝条枯死，形成“顶冠”。这种森林光照情况下的林木明显高于相同年龄的孤立木，而且具有良好的干形。在森林的边缘上的林木，由于光照林内林外的差异而形成“偏冠”。

3.2.2.5 树种耐阴性的区别

①林冠下能否完成更新过程和正常生长是鉴别树种耐阴性的主要依据。耐阴树种能在林冠下完成更新过程并正常生长，如云杉、冷杉等。这种树种组成的林分，复层、异龄，结构复杂，比较稳定。喜光树种则不能在林冠下完成更新过程和正常生长，幼树生长需要充足的光照，在迹地、空旷地上更新良好，所以也称为先锋树种。这类树种的幼苗往往是同一年生长起来，多形成单层同龄林，因为林下即使有同种更新幼苗幼树也难以生长，故林分稳定性差。

②喜光树种的光补偿点和光饱和点较高，而耐阴性树种偏低。

③从树木的整个生长过程看，喜光树种生长快，尤其是幼龄阶段更为明显，开花结实早，寿命短；耐阴树种生长慢，开花结实晚，寿命长。耐阴树种能在林冠下长期忍耐庇荫，一旦解除上层木的遮阴或竞争后仍有很高的生长潜力并能大量开花结实。

3.2.3　森林与温度的关系

太阳辐射为地面和水面吸收，并转变为热能而使地表温度和水体温度升高，继而引起空气温度变化，温度表示了环境热量的多少。

生物体内的生物化学过程必须在一定的温度范围内才能正常进行，当环境温度高于或低于生物所能忍受的温度范围时，生物的生长发育就会受阻，甚至造成死亡。温度对树木的影响主要表现在以下几个方面。

3.2.3.1　温度影响树木的生理活动

树木的生理活动只有在一定的温度范围才能进行，通常用3个基点温度说明。“三基点”温度指的是：最低温度(开始)、最适温度、最高温度。

最低温度是指某一生理过程开始的温度、最适温度是指生理过程最旺盛的温度、最高温度是该生理过程停止时的温度。

从最低温度开始直到最适温度，生理活动是逐渐加强的，最适温度之后，生理活动强度又逐渐减小，直至最高温度时，生理活动停止。

以光合作用来说，大多数温带树种的光合作用开始时的温度为5~6 ℃、最适温度在20~30℃，当温度提高到40~50℃时，光合作用停止。当蒸腾作用消耗的水分大于从根部吸收的水分，则树木萎蔫。

3.2.3.2　温度影响种子发芽和树木生长

种子萌发速度与温度增加值成正相关，超过最适温度，则种子萌发速度下降，到最高点温度时萌发停止。不同树种发芽的最适温度不同，一般温带树种种子发芽的最低温度为0~5℃、最适温度为25~30℃、最高温度为35~40℃。

部分树种发芽的最适温度为：马尾松为25℃；落叶松为25~30℃；油松、侧柏、刺槐为23~25 ℃。

3.2.3.3　树木的生长发育与温度条件

一般树木生长温度范围为0~35℃，在此范围内，随着温度的上升，生长速度加快，达最适温度时生长最快，此后若温度再升高，生长速度又趋减慢。

大多数温带树种5℃开始生长，最适生长温度为25~30℃，最高生长温度为35~40℃。而热带树种最适生长温度为30~35℃，最高生长温度为45℃。

树木在一年中，从树液流动开始到落叶为止的日数称为生长期。生长期的长短，常随温度条件不同而不同，一般南方树木的生长期比北方长。

土壤温度也直接影响地下部分根系的生长和对水分、矿质元素的吸收。

3. 2. 3. 4 温度对树种分布的影响

由于各树种对温度有不同要求，温度成为限制森林树种分布的最重要因素。

有些树种适应温度范围较宽，如刺槐、柳树，在我国从南到北几乎都能生长；而有些树种适应的温度范围较窄，如樟子松主要分布于大兴安岭。

树种的自然分布区有两个界限，一个是高温界限，一个是低温界限，中间为分布区。水平分布上，就是南北界线，如杉木、马尾松的北界不过秦岭、淮河，樟树的北界限于长江北岸，除水分和土壤等因子的影响外，主要是受了低温的限制。而兴安落叶松不能分布到华北，则主要是受了高温限制。

在垂直分布上，树种的高温和低温界限就是它们的上下两个界限。如在长江流域一带的山地上，马尾松分布在山地海拔 1 000~1 200m 以下，在这个界限以上，马尾松被黄山松代替。海拔 1 000~1 200m 是马尾松的低温界限，又是黄山松的高温界限。

树木的引种必须考虑气候相似性原则。北种南引主要是能否生长发育良好的问题，南种北引容易主要是能否成活的问题。北种南引要比南种北引容易成功。南方喜温暖的树种可以在北方的阳坡上种植，而北方平原的植物可以在南方的阴坡找到相似的温度环境。

3. 2. 3. 5 节律性变温与树木的反应

温度随昼夜和季节的变化称为节律性变温。由于树木长期适应这种变化，这种节律性变温对树木生长发育是不可缺少的。

(1)温度昼夜变化

树木对温度昼夜变化的反应称为温周期现象。温周期现象对树木有利，因为白天高温有利于光合作用，夜间低温使呼吸作用减弱，光合产物消耗减少，净累积增多。

变温对产品的品质有良好的影响。如云南的山苍子含柠檬酸比浙江多，原因在于高原地区白天温度高，晚间温度低，有利于物质的积累。果树也有这种情况，如夜间温度较低，苹果直径越大，果实色泽鲜艳，品质好。

高低温对树木的生长有明显影响。火炬松的育苗试验结果表明：昼夜温差最大的一组生长良好，恒温的最差。

(2)季节变化

树木长期适应一年中气候的节律性变化，形成与此相适应的生育节律，称为物候期。

例如，大多数树木春季开始发叶生长，夏季开花，秋季果实成熟，秋末落叶，然后以休眠状态度过冬季。随一年中气候的节律性变化，树木表现的不同形态称为物候相。

树木的物候期主要与温度的关系密切，每一物候期需要一定的温度量。例如，刺槐在南京地区，日平均温度 8. 9℃时叶芽开放、11. 8℃开始展叶、17. 3℃开花、27. 4℃果实成熟、18℃叶变色、10. 5℃叶全落。

由南向北和由西向东，物候期推迟；由山下往山上随海拔高度，物候期相应推迟。

3.2.3.6　非节律性变温

温度突然降低或突然升高，而并非季节性的突然变温称为非节律性变温。非节律性变温通常包括：

(1)低温伤害

低温伤害包括寒害和冻害：

①寒害　气温0℃以上，树木受到的低温伤害，多发生在热带和亚热带。寒害会影响树木的呼吸、光合、蒸腾以及物质的吸收和运输等生理过程失调，致使树木枯萎或死亡。例如，热带树种椰子树和橡胶树在温度2~5℃时，呼吸作用就会严重受阻。

②冻害　气温0℃以下，树木内部组织发生冰冻，多在冬、春季发生。

冬季降温，树木有一定的抵抗能力，早春树木的抵抗能力差，突然降温会造成冻害。受冻害的树木通常表现为：枝条褐色、主干纵裂、根部冻害等。

(2)高温伤害

高温对树木的危害，主要是破坏光合作用和呼吸作用的平衡，使呼吸超过光合，消耗大量有机物，造成生长停滞。高温能使蒸腾加强，破坏水分平衡，导致树木萎蔫；高温还促使叶片过早衰老，减少有效叶面积，并使根系早熟，降低吸收能力。

此外，强烈的太阳辐射对树木会造成皮烧，使树皮局部死亡，片状脱落，病菌入侵。

3.2.4　森林与水分的关系

3.2.4.1　水对树木生理活动的影响

水是构成树木体的无机成分之一，树木无论哪个部位均含有一定的水分。嫩叶含水量可达80%~90%；树干的含水量约40%~50%；即使风干的种子含水量也达6%~10%。

树木体内一切的代谢活动都必须有水的参加。例如，水是光合作用必须的条件和物质基础，根系从土壤中吸收的矿质营养是以水溶液的形式进入树木体内，然后在体内运送和利用。树木的蒸腾作用要消耗大量的水分，以加速根部自土壤中吸收矿物质并向上输导。同时，调节因太阳辐射而引起的枝叶温度过高。

水能维持细胞和组织的膨胀状态，使树木各器官保持一定的形状和功能，使植物枝叶挺立，便于充分接受阳光和气体交换，同时花朵张开，利于传粉。此外，高温环境植物通过蒸腾散失水分，调节体温。寒冷情况下，水的比热较高，可保持体温不致骤然下降。

3.2.4.2　不同形态水对树木生长发育的影响

(1)降水

降水一般不直接被树木吸收，树木对降水是通过土壤吸收的。

①液体降水　液体降水就是降雨，生长期的降雨量与树木的直径生长呈正相关，而

树木的高生长不仅受当年降雨量的影响而且与上年的降雨量有密切的关系。例如，水杉的树高、直径和材积生长均在降雨量减少的年份呈现最低值，而在降雨量较多的年份呈现较高的生长指标。

降雨的强度、持续时间会影响树木的生长。降雨的强度小，时间长，则水能充分渗入土壤，对树木生长有利。

②固体降水　固体降水即降雪，降雪能补充土壤水分，而且具有保护土壤，防止冻结过深伤害树木根系，以及保护幼苗、幼树过冬的作用。

③气体降水　气体降水包括水汽、雾、露。空气中的水汽含量常用相对湿度表示，当相对湿度较低时，可使树木的蒸腾增强，甚至气孔关闭，使光合效率降低。

空气中的水分达到饱和时就形成雾，雾漂浮到树木、灌木、草类的表面凝结并下滴土壤，成为土壤水分的补充，多雾的山区，雾产生的降雨可达降雨的40%。

(2)土壤水分

土壤水分来源于降水和地下水，土壤中水分含量的多少对森林的生长发育有重要意义。土壤水分过多，会使各土粒空隙之间充满水而缺乏空气，使根系的呼吸作用受到抑制，时间长，将使根系因缺氧腐烂，导致树木死亡。此外，土壤水分过多，还会导致土壤底土板结，影响根系发育，潮湿土壤的乔木多为浅根，根系集中，分布范围窄，易风倒。

土壤干旱对树木生长也极为不利，严重干旱时，土壤中的重力水和毛细管水便完全消失，树木因失水而萎蔫。同时，树木光合作用速度减慢，光合产物由叶向各器官的输送减慢，使树木生长减慢甚至停止。土壤水分的亏缺还能影响林产品的品质。

3.2.4.3　水分条件对森林分布的影响

水分和温度一样，也是限制森林分布的重要因子，森林的分布受最低年降水量的影响。

森林是一定温度条件和一定湿润气候下的产物。年降水量400mm是森林与草原的分界线，年降水量多于400mm的地区才有森林的分布，300~400mm的地区为森林草原，200~300mm的地区为草原，200mm以下的则为荒漠地带。

水分与森林的垂直分布也有密切的关系。例如，新疆降水少，气候干旱，海拔低处无森林分布，仅在河流的两岸分布着胡杨林。但当海拔升高时，降水量增加，空气湿度大，出现森林分布。例如，天山北部海拔低处为草原和荒漠，而至1 500~3 000m，降水量可达300~400mm，出现落叶松、云杉、山杨、桦木等树种形成的天然针叶纯林。

3.2.4.4　树木对水分的需要与适应

树木对水分的需要指树木为维持正常生活所需吸收和消耗的水量。树木对水分的适应，指对土壤水分的生态适应。通常所说的这种树消耗水分多，那种树消耗水分少是指对水分的需要。说这种树种抗旱和那种树种喜湿，则指对水分的适应。

(1)树木对水分的需要

树木吸收的水分绝大部分用于蒸腾，而用于制造碳水化合物的只有极少的一部分，一般不超过 1%。

蒸腾系数指树木每制造 1g 干物质需蒸腾水分的克数。如桦木和山毛榉的蒸腾系数分别为 320 和 170，说明山毛榉的需水量较低，对水分的利用较经济。农作物玉米和小麦的蒸腾系数分别为 349 和 557，与森林相比要高许多，说明森林对水分的利用非常高效。

(2)树木对水分的适应

树木对水分的适应是树木对水分干湿的长期适应结果，形成各树种不同的生态习性。造林时应根据特性安排到适宜地点。根据森林对水分的适应，一般可将树种分为：

①耐旱树种　耐旱树种在长期干旱的条件下能忍受水分的不足，维持正常生长。例如，马尾松、油松、樟子松、柏木、刺槐、侧柏等。耐旱树种根系发达，可深入土层，吸收较远范围水分、叶表面具有角质层、蜡质、茸毛，不利于水分的散失。在林业上经常选用耐旱树种作为造林的先锋树种。

②湿生树种　湿生树种能生长于土壤含水量高，大气湿度大的环境。例如，柳、水杉、枫杨、赤杨等。湿生树种根系不发达，叶面积较大。

③中生树种　中生树种不能忍受过干、过湿的环境。例如，云杉、冷杉、落叶松、杉木、樟、楠等。绝大多数树种属于这一类型，缺乏适应长期干旱或过湿的形态构造和功能。

3.2.4.5　森林内的水分状况

树木有庞大的林冠和发达的根系及枯枝落叶层，这对林内水分的分布有很大的影响。降水在森林内的分布主要表现在以下几个方面：

(1)林冠截留和林地枯枝落叶层的截留

林地降水分为林冠上降水和林冠下降水。林冠上降水量与空旷地一样，林冠下降雨包括林冠间隙穿落，树木的茎叶滴落及顺树干流下的雨水，若林外的降水量为 100%，林冠下的降雨为 60%~85%，林冠截留降水量的 15%~40%，除小部分湿润枝叶外，绝大部分蒸发返回大气。林冠截留水量的多少取决于林分组成、林龄、郁闭度并与降水量和降雨强度有关。针叶林截留的降雨量较阔叶林多，茂密的针叶林截留降水约为 25%~45%，而阔叶林则为 20%~25%。林冠郁闭度越大，冠层越厚截留的降水量越多。林分接近近熟或成熟林时，由于叶片量的减少和林冠稀疏，截留降水的能力下降。林冠截留的降水中的一部分顺枝条和树干流到地面，这部分雨水一般占降水总量的1%~5%。

经林冠和林下植物截留后漏下的降水到达林地，其中一部分被枯枝落叶层吸附，通常为自身干重的 2~4 倍，枯枝落叶层的吸附可以保护土壤免受雨滴溅击。

(2)森林土壤的水分渗透和贮存

树木根系与土壤之间形成粗大的孔隙，森林土壤动物较多，枯枝落叶腐烂后促进土壤团粒结构形成，增加了孔隙度，这些因素使林地土壤的渗水性能明显大于无林地。

森林土壤中的水分被植物根系吸收、蒸发、补充地下水或以土壤径流的形式流入河道。

土壤的贮水量，阔叶林每公顷的贮水量 74.2mm，马尾松为 54.2mm，灌丛为

47.8mm，荒山为11.3mm，林地的贮水量为荒山的6倍。

(3)森林中的径流

①地表径流　森林能够起到减少地表径流的作用。森林中的地表径流之所以较无林地少，主要在于林冠截留了部分降水，使林下雨量减少。枯枝落叶层可以储蓄水分，延缓径流过程。森林土壤疏松多孔，透水性能良好，以及四周隆起的树根，阻碍了地表径流的流动。

在山地上，坡度越陡，坡长越长，沿着地表流出的水也越快越大。所以，在陡坡上的森林比平地上的森林对地表径流具有更大的影响。

②地下径流　地下水指不透水岩层以上的透水土层和松散岩屑中的饱和含水量。根据水分经过土层和岩层的不同深度，地下水分浅层和深层地下水。

浅层地下水指下雨时，向土壤渗透下去，并能借助重力和毛管作用作垂向或横向运动的水分，它们可从土层或风化岩屑中流出，从土壤中流出的，叫做土壤径流，有时这种水从切割的河岸流出，俗称泉水；从岩石的裂隙流出的，叫做裂隙水。深层地下水指继续往深层移动，直达母岩层(不透水层)的水分。

山地条件下，森林有增加土壤径流的作用，从而对森林流域的河流水量起调节作用。在森林集水流域常比裸露地、农耕地容易形成更多的泉涌，多数小溪河都源于山地森林内，而山地森林伐除后，泉水就会断源。

当深层地下水很低时(2~3.5m)，由于树木根系不能到达，森林对地下水位不发生影响。如地下水位较高(离地1~1.5m)，树木根系可以到达，森林可以吸收并蒸发到大气中，影响地下水位高低。

森林里由于蒸腾作用消耗水分较多，林内的地下水位总是比农田低。大面积森林采伐和火灾，可使湿润地区的地下水位提高，甚至发生沼泽化，待森林恢复后，沼泽化现象消失。

(4)森林的蒸发散

森林的蒸发散由林冠截留水分的蒸发、林地表面的蒸发(较空旷地少)、森林植物的蒸腾(明显高于其他植被)三部分组成。

林冠枝叶表面吸附的水分，很快即被蒸发。林内地表蒸发较空旷地显著减少，主要原因在于林冠遮蔽阳光，气温、土温较低，风速较小等。森林植物的蒸腾明显高于其他植被。

3.2.4.6　森林对降水的影响

(1)森林对水平降水的影响

水平降水包括：雾、露、霜等。森林蒸腾高于其他植被类型，使近地层湿度大，加之森林的蒸发散大，消耗的蒸发潜热大，因而使温度降低。林区的这种低温高湿的气候特征，有利于水汽凝结和雾形成，从而在很大程度上能够增加水平降水。

夜间温度降低时有利于水汽凝结和雾的形成，被称为“森林夜雨”，即夜间草木上凝结的露水，有如雨滴降落。初春在庐山，秋冬在北方某些林区，有时会出现雾凇太多而压折树干的现象。

(2)森林对垂直降水的影响

森林蒸腾强度大，致使森林上空大气湿度大、温度低，水汽易饱和凝结形成降雨。此外，森林增加了地面粗糙度，气流通过森林时受到树木阻挡，在林冠上面乱流加强，促使水汽向上输送，使森林上空水汽含量增加。

3.2.5　森林与大气的关系

大气一般指距地表上层12km范围内对流层的大气，与森林有密切关系的大气成分是二氧化碳、氧、氮。

3.2.5.1　大气对森林的生态作用

(1)二氧化碳的作用

二氧化碳是光合作用的原料，生物界都由含碳的复杂有机化合物组成，植物干重中，碳占45%，氧占42%，其中碳和氧均来源于二氧化碳。

森林植物的光合作用强度，与二氧化碳浓度有密切的关系，在一定范围内随二氧化碳浓度增高，光合强度加大，其影响超过光。

在林业上，在光照和温度适宜的情况下，通过抚育、松土、促进地被物分解，间接提高二氧化碳浓度，被称为二氧化碳施肥。

(2)氧的作用

氧是植物呼吸的必需物质，植物呼吸是吸收氧气，放出二氧化碳，借助氧气进行生命的生理过程，没有氧气植物就不能生存。在呼吸过程中，氧把光合作用中贮藏于有机物质中的能量，通过系列生物氧化反应释放出来，供给森林植物生命活动的需要。

大气中的氧能完全满足植物的呼吸消耗。土壤中由于根系呼吸消耗过量的氧，有时会造成土壤缺氧，影响根部的呼吸和生长。通气性能好的土壤，能保证氧供应。有积水的土壤，氧的供应会不足。

(3)氮的作用

氮是植物体的重要营养元素，是蛋白质的主要成分。大气中的氮含量较多，但多数植物不能直接利用，只有少数豆科植物可以利用。

高等植物所需的氮，主要来自土壤有机物的分解产生的硝酸盐、亚硝酸盐、铵盐、无机氮盐等。

(4)大气污染对树木的影响

大气污染物从叶片气孔侵入，扩散到叶肉组织，然后通过筛管输送到树木体的其他部位。污染物进入叶片后，损害叶片的内部构造，影响气孔的关闭，影响树木的光合、蒸腾和呼吸作用；破坏酶的活性；有毒物质还在树木体内，进一步分解或参与合成，产生新的有害物质。

①急性伤害　在高浓度污染物影响下，短时间内造成树木叶表面产生伤斑，或者直接使叶片枯萎脱落。

②慢性伤害　在低浓度污染物的长期影响下，使叶片退绿。此外，不可见危害指的是树木外表不出现受害症状，但其生理机能却受到影响，造成生长势减弱，产量下降和

品质变劣。

常见的污染气体包括：二氧化硫、氮氧化物、氟化氢、光化学烟雾等。

③树木对大气污染的抗性　树木对大气污染的抗性，常绿阔叶树的抗性比落叶阔叶树强；落叶阔叶树比针叶树强。树木对大气污染物的抗性可分为三级：抗性强的、抗性中等的、抗性弱的。

④树木对大气污染的监测作用　通常选用敏感和容易产生受害症状的树种作为监测种，如可利用落叶松、雪松、杨树、泡桐、枫杨监测二氧化硫。特别是地衣类，少量有害污染就会导致受害枯黄。

⑤树木对大气污染的净化作用　无论是抗性强的树木，还是抗性弱的树木，生活在污染区所吸收的有毒物质都比在非污染区的多，其量可以高出几倍至几十倍。

有些树种可以吸收大气中的污染气体。例如，柳杉、垂柳、槐树、桑树、罗汉松对二氧化硫的吸收量和抗性都较强；夹竹桃、广玉兰、梧桐吸收氟化氢的能力较强。

森林利用庞大的林冠枝叶的呼吸作用进行着强大的气体交换，来发挥吸收有毒气体的作用，较大幅度地减少大气中有毒物的含量。对颗粒状污染物，树木的吸附能力也特别大，特别是茂密的森林。

(5)风对森林的影响和森林对风的调节

风能直接或间接的影响树木的生长发育，同时，森林的存在能改变风向和风速，起到天然屏障的作用。

●风对森林的影响

①风力不大时，风对树木生长有利，风吹走叶面周围蒸腾作用放出的水汽，带来干燥空气，从而促进蒸腾作用，有利于枝叶的降温和增强根系的吸收能力。同时，风带来二氧化碳多的空气，在一定程度上促进光合作用。

但风力太大会使森林的蒸腾过强造成树木萎蔫。强风也会使气孔关闭，影响光合作用和呼吸作用。

②风对树木的结实有很大促进作用，许多树木依靠风力传播花粉，如松树、榆树、栎、桦木、杨、柳等都是依靠风力传播花粉的。许多树种的种子和果实也是靠风力传播的。但过强的风能吹落花朵和未成熟的种子，而使种子产量降低。

③长期的强风会减少叶面积，破坏正常的水分平衡，削弱树木的生长。

④强风还能造成树冠畸形，在盛行一个强风方向的地方，树干常向背风方向弯曲，树冠向背风方向倾斜，形成所谓“旗形树”。“旗形树”枝条数量比正常数少很多，光合作用的总面积大大减少，严重削弱树木的生长量和木材质量。风速大于 10m/s 可使树干折断，形成“风折”。

●森林对风的调节

森林是风的强大障碍，在经过森林时，大风分散成小股气流，并改变方向。一般在森林迎风面相当树高 3~4 倍，背风面相当树高 10 倍的范围内，降低风速的作用最明显。在农田防护林保护范围内，风速降低，减少了水分蒸发，提高了空气湿度和土壤含水率，能增加农作物产量。

3.2.6　森林与土壤的关系

土壤为森林的生长和发育提供根系生长所需要的水分、养分、温度和空气。

3.2.6.1　土壤对森林的生态作用

森林的生长状况受土壤的影响很大，主要的影响包括：

(1)母岩的影响

母岩对土壤的理化性质有很大的影响。例如，花岗岩形成的土壤含钾，质地疏松，呈酸性；石灰岩形成的土壤含钙，质地黏重，呈碱性。

在同一地区，由于母岩的不同形成不同的土壤，不同的土壤上生长着不同的树种，例如，同样在华北，石灰岩形成的土壤上生长着侧柏，砂岩形成的土壤上生长着油松。

(2)土层厚的影响

土层厚度决定土壤的水分、养分含量，以及树木根系的分布空间。通常土层浅薄处，土壤干燥贫瘠。土层深厚处，则土壤较肥沃湿润。

山地条件下，土层厚度取决于地形、坡度、坡向、坡位。通常上坡土层较浅；坡度大，土层薄；阳坡土层薄、阴坡土层厚。

土层厚影响着树木的分布。例如，南方丘陵山地，土层瘠薄的山坡、山脊、山顶只有马尾松分布。山脚、山洼则有杉木、毛竹、多树种的阔叶混交林。

(3)土壤质地和结构的影响

土壤质地是土壤矿质颗粒搭配(分为沙粒、粉沙、黏粒)的比例。土壤根据质地可分为砂土、黏土、壤土。不同质地的土壤，具有不同保养水分和养分的能力，因而影响树木的生长。

①砂土　疏松黏结力小，通气透水，蓄水性能差，养分易流失，只能生长耐干旱贫瘠的树种，如：马尾松、刺槐。

②黏土　以黏粒为主，通气性不良，易积水。生长在紧实土壤上的杉木，叶黄化病严重。

③壤土　不沙不黏，不松不紧，既能通气透水，又能蓄水保肥，是林业上理想的土壤。

(4)土壤酸碱的影响

土壤受母岩、降水、植被、施肥的影响，有酸性，碱性、中性。不同树种由于长期生长在一定酸碱度的土壤上，对土壤酸碱性有不同的适应。例如，杉木，在pH4.5~6.5的土壤上生长良好；柏木，则能在pH7.5~8.0的石灰性紫色土上生长良好。土壤酸碱度是适地适树最重要的原则。通常针叶林下的土壤常呈酸性，阔叶林下的土壤酸性较弱。

(5)土壤肥力状况的影响

肥沃的土壤应同时满足森林植物对水、肥、气、热的要求。

①水分和空气　土壤中水分与空气的含量主要与土壤质地有关，土壤中水分和空气的数量变化是相互制约的，土壤空隙不是被水占据，就是充满空气。林木要正常生长，

既需要足够的水分又需要适当的空气。长期干旱造成土壤水分不足，树木生长停滞。水分多则土壤缺氧妨碍根系呼吸，造成根系腐烂。

②土温　土温影响根系生长，也影响根系的呼吸和吸收能力。通常根系生长的最适合土温为20~25℃。

③树木需要的养分　分为大量元素和微量元素。大量元素包括：氮、磷、钾、钙、铁、镁、硫等；微量元素主要包括：铜、硼 、锰、钼、锌等。

两者主要来源于岩石风化物，其中，氮、磷、钾对树木的生长影响最大，如果缺乏就需要通过施肥解决，土壤中的营养元素大部分含于腐殖质中。

按树木对养分条件的适应，可以将树木分为耐瘠薄树种和喜肥树种，耐瘠薄树种，如马尾松、樟子松、油松、落叶松、蒙古栎等；喜肥树种，如白蜡、杉木、楠木、樟树等。

耐瘠薄树种如栽植在肥沃土壤上会生长得更好。

(6)土壤微生物的影响

一克土壤中含微生物的数目可达数千至数十亿个。包括细菌、真菌、放线菌等，土壤微生物种类多、数量大、繁殖快、活动性强，在土壤营养物质转化中起重要作用。

森林中的死地被物(枯枝落叶和动物残体)是植物营养元素的重要来源，但必须在分解之后才能被植物吸收利用，微生物起分解作用，当土壤温度在35℃左右，通气良好，微生物活动旺盛。

3.2.6.2　森林营养元素的循环

(1)养分吸收

土壤中的可溶性化学物质被森林根部吸收，进入植物体内，树木与其他植物一样需要一系列的营养元素，但与农作物不同，树木与农作物相比只需少量的养分就能生长好。

(2)养分的返还

林木吸收的矿物质，除以木材形式带走的外，最终均通过枯落物和雨水浸淋方式返还土壤。

①森林内的枯落物　森林枯落物对林地土壤影响显著，它不仅释放养分归还土壤，而且影响林内养分循环。森林的枯落物主要包括：树叶、枯枝、花、果、树皮、死树的树干等，它们是土壤的养分库。

枯落物的数量：耐阴树种比喜光树种多；混交林比纯林多；生长旺盛的中龄林多于幼龄林和老龄林；生长在肥沃土壤上比生长在贫瘠土壤上的枯落物多。在森林枯落物中，数量最多的是叶子，落叶量可占总枯落物量的70%~80%。

②森林内枯落物的分解　枯落物由于土壤微生物的活动和土壤动物的活动，不断被分解，分解速度与树种组成和环境条件有关。

阔叶树分解较快，针叶树含较多单宁，不利于微生物的活动，分解速度较慢。

在温暖湿润，通气良好的森林环境中，枯落物分解快。

土壤中的土壤动物和微生物，如：螨、蚯蚓、细菌、真菌等，可长期不断地将森林的枯枝落叶分解为可溶性化合物，使其为森林植物的根系所吸收。如果从林地上移除枯枝落叶，短期不会有影响，长期则会造成地力衰退。

森林土壤的自肥作用，森林与农作物相比，吸收的养分较少，归还较多。

林下的草本植物和灌木对养分循环也起重要作用，特别是在林分形成的初期和林分发展的后期。

粗木质残体包括枯立木、倒木以及脱落的粗大树枝等。粗木质残体是物种的栖息地和生存基质。粗木质残体中的营养物质可供植物生长利用，许多低等的附生植物如地衣和苔藓等生长在粗木质残体的表面。粗木质残体还为动物提供食物的来源，栖息地和繁育地，哺乳类、爬行类主要利用倒木，鸟类和蝙蝠主要利用枯立木。粗木质残体有利于营养物质的循环，特别是释放氮，尽管速度比较慢。

(3)养分的输出

森林养分的输出一般有 3 个途径，即：以水为介质的输出；以土壤粒子为介质的输出；采伐造成的养分输出。

3.2.7　森林与地形的关系

地形是间接的生态因子，地形变化引起光照、温度、水分、土壤养分的变化，进而影响森林的分布、发育。

根据形态分类的标准可将地形分为：

①平原　平原为海拔 200m 以下的宽广平地，地面的坡度和高度都变化较小，地形简单而趋于平缓。

②丘陵　海拔高度不超过 500m，地表起伏，相对高度变动在 50～100m，地形破碎，陡斜的坡地所占比重很大。

③高原　海拔 500m 以上，顶面比较平缓，以海拔高区别于平原，以较小的起伏区别于山地。

④山地　由一系列大小和形状不同的山集合而成的地域。山地又分为高山：绝对高度 3 500m 以上；中山：绝对高度 1 000～3 500m；低山：绝对高度500～1 000m。

⑤盆地　周围山岭环绕，中间地势低平，盆地中央与周围的高度差在 500m 以上。

3.2.7.1　山脉走向对森林分布的影响

山脉是气流活动的天然屏障，对温度，降水影响显著。我国地处季风气候区，季风气候是大陆性气候与海洋性气候的混合型。夏季受来自海洋的暖湿气流的影响，高温潮湿多雨，气候具有海洋性。冬季受来自大陆的干冷气流的影响，气候寒冷，干燥少雨，气候具有大陆性。一些东西走向的山脉能阻止冷气团南下和暖气团北上，山北干冷气候，山南暖气团抬升冷却致雨形成湿热气候。典型的代表有北方的天山、阴山；中部的秦岭、昆仑山；南方的南岭都是重要的植被天然界线，是植物分布上重要的界线。

例如，秦岭数百千米、海拔 2 000m，对南北气流交流起明显的阻隔作用，成为温暖带和亚热带的界线。北坡分布着落叶阔叶混交林，即夏绿林，南坡则分布着常绿阔叶混交林，以及杉木、马尾松、樟树等常绿树种。

我国降水靠东南季风从太平洋带来的水汽。与东南季风成一定交角的山脉常是降水分界线，迎风面地形雨多、气候湿润，山脉背风面降雨较少。如大兴安岭以东，降水超过400mm，分布着森林，而以西年降水不足300mm，是草原和牧业区。总之，由于山脉对气团的阻隔和抬升，一山之隔气候差异大，植被截然不同。山体越高大、完整，其屏障和抬升作用就越强。

3.2.7.2 江河走向对森林分布的影响

江河对森林分布具有导向作用，海风沿江河吹入，影响流域两岸的气候和植被，这种影响取决于江河宽窄、曲直。江河越宽、越直，影响范围越大。我国主要江河自西向东流入太平洋，太平洋的湿热季风沿河流自东向西深入影响我国腹地，使我国东部成为湿润森林区。

3.2.7.3 山地地形对森林的影响

小地形的综合配置，造成多样的环境条件。小地形主要包括坡向、坡位、海拔等，它们能影响气候、土壤、植被的差异。

(1)海拔高度对森林的影响

海拔高，气温低，水汽容易饱和，降水量增加。但超过一定高度降雨量会减少。由于山地气候的变化，一个树种只分布在一定的海拔高度。例如，马尾松生长在1 000～1 200m以下，黄山松生长在1 200m以上。

(2)坡向对森林的影响

不同坡向因太阳辐射强度和日照时数有别，坡面的水热状况和土壤性质有所不同。例如，南坡(阳坡)温度高、湿度低、较干燥，多分布着喜暖、喜光、耐旱植物。北坡(阴坡)则分布着耐寒、耐阴、喜湿的植物。

东坡称半阴坡(较接近北坡)、西坡称半阳坡(较接近南坡)分布的植物南北混杂。

在湿润气候区，树木生长南坡好于北坡，如亚热带的杉木。在水分缺乏区，植物的生长南坡较北坡差，如华北的油松。

(3)坡度对森林的影响

坡度不同的山坡，因太阳入射角不同，获得的太阳辐射有区别。但坡度的主要影响表现为坡度越大水分流失越多，土壤越瘠薄。一般将坡度划分为：平坡(<5°)、缓坡(6°～15°)、斜坡(16°～25°)、陡坡(26°～35°)、急坡(36°～45°)、险坡(>45°)。

平坡、缓坡一般为农用地；斜坡土壤深厚，适合林木生长；陡坡土层薄，水分供应不稳定，林木生长差；急坡、险坡上的树木稀疏低矮，如破坏，则容易发生地质灾害。

(4)坡位对森林的影响

山坡的不同部位可以划分为：山脊、上坡、中坡、下坡、山谷。从上到下，日照时间逐渐变短，坡面获得的阳光不断减少。土壤则逐渐由剥蚀到堆积，土层厚度、水分、养分含量都相应增加。整个生境向阴暗、湿润、肥沃的方向发展。从上至下分布着对水肥要求不同的树种。如果树种对水肥反应比较敏感，应考虑适地适树。例如，杉木，7年生杉木在山谷的生物量为80.9t/hm^2，山坡的生物量为63.6t/hm^2，而山脊的生物量则为39.6t/hm²。但也有例外，如山脊平缓开阔，则山脊处土层肥厚。

(5)沟谷宽度

沟谷的宽度又称山坡地开阔度，指沟谷的深度与宽度的比例，分为宽谷和狭谷。

①宽谷 通风、光照条件都较好，生态差异视两谷坡的坡向和坡度定，林木生长有明显差别。

②狭谷 具有阴凉湿润的特点，两谷坡上分布的植物多为耐阴、喜湿的种类。不论坡向和坡度如何，光照时间和强度都明显减少，两谷坡上的植被差异甚小。

3.2.8 森林与生物的关系

3.2.8.1 森林植物间的关系

(1)林木与林木的关系

在森林生态系统中，林木之间的关系是竞争与互助的关系。

①林木的竞争 当个体数目超过环境的负荷能力，则产生竞争。主要是对光照、水分、养分的竞争。竞争分为种内竞争和种间竞争。种内竞争是同一树种间的竞争，如纯林中的自然稀疏，对水分、养分的竞争，导致一些树木逐渐沦为生长落后的被压木枯死。种间竞争是不同树种间的竞争，有相似习性、需要的树种竞争激烈。例如，全部是喜光树种，对光照的竞争就比较激烈，合适的混交林更能适应不同的光照，如喜光树种与耐阴树种的混交。

②林木的互助 天然林中，成团状分布的幼树，抑制了杂草的竞争，创造了小气候，有利于生长。人工密集式造林也是基于这一原理的。上层树木对一些树种的更新有利，例如，有些耐阴性树种的更新。此外，森林的成层性是林木互助的表现形式。

(2)林木与下木和草本植物的关系

①林木对草本植物的影响 郁闭度影响林下光照，影响下木和草本植物的类型。常绿阔叶林下的植物通常是耐阴的。落叶阔叶林下的植物通常是喜光的。在林冠稀疏的喜光树种组成的森林中，林下植物种类繁多，生长茂密，并且多为较喜光的种类。在树种相同而郁闭度不同的林分中，林下植物也有显著的差异。在郁闭度较大的林分中，多生长着耐阴的植物。郁闭度较小的林分中，则以喜光的下木和草类占优势。

②下木和草本植物对林木的影响 下木和草本植物是土壤有机质的来源之一，但过度繁茂时，会消耗大量土壤养分和水分，并与幼苗竞争。根系较浅，侧根发达的灌木是幼苗的主要竞争者。因此，在经营速生丰产林时，适时清除林内的杂草灌木是保证林木得到充足水分和养分的重要措施。过密的草类常使林木种子萌出后，幼根不能深入土壤，发生吊根而死亡。

下木与草本植物还与森林火灾有关，多数下木和阔叶多液的草类不易燃烧，而禾本科杂草能增加火灾的危险性。

3.2.8.2　森林植物与动物的关系

（1）森林是多种动物类群的栖息地

森林为各种动物提供了丰富的食物来源，种子、果实、嫩芽是鸟类的食物来源。昆虫是两栖类动物的食物来源。

林内小气候优越，风小，温度均匀稳定；有枯枝落叶层、乔灌木，树洞是许多动物理想的栖息地。例如，兽类、鸟类、昆虫、土壤动物（蚯蚓、线虫等）。

（2）动物对森林的影响

●对森林土壤的影响

蚂蚁、蚯蚓、线虫、鼠类生活于土壤中，使土壤疏松，增加了土壤的通气性和透水性。并有利于枯枝落叶层的分解。

●对森林更新的影响

①传播种子　脊椎动物（鸟、哺乳动物）和昆虫都是种子的散布者。一些啮齿类动物有埋藏种子的习惯，最后忘记种子的埋藏地点。例如，田鼠、松鼠喜欢隐藏树木的种子。鸟类有反吐种子，通过消化道排泄的习性。有些植物种子带有刺附着于动物身上传播，如苍耳的果实外面长有钩刺。

②传播花粉　昆虫、鸟类、甚至蝙蝠都有益于传播树木花粉，从而有利于树木结实。树木的结实量与昆虫、鸟类多少有关。授粉是植物生长中的关键过程，在寒温带树木靠风和动物授粉，而在温带和暖温带授粉的动物包括昆虫（蜜蜂、蝴蝶、甲虫、蛾子）、鸟、蝙蝠等。

●对森林发育的影响

害虫会吃掉树叶、嫩枝，蛀空树干。

生态因素的作用不是孤立的。例如，通过采伐出现一个小片的采伐迹地，与原林冠下相比，变化最大的是光照增强了，但绝不仅表现在光照增强。除光照外，气温和土温提高、空气湿度降低，土壤水分蒸发增强和土壤含水量降低，进一步又会影响土壤化学性质和生物活动的改变。风力也是容易变化的因素，风速增强，常会减少空气湿度，加强土壤蒸发并导致土壤干旱，进一步引起土壤特性的变化。地形变化，如阳坡还是阴坡，坡位上部、中部或下部，都会造成气候和土壤因素的不同，进而影响森林的生长。

第4章 森林采伐方式与森林环境保护

4.1 我国的林种划分

我国的森林，根据用途的不同分为生态公益林、商品林和经济林。

4.1.1 生态公益林

生态公益林中包括防护林和特种用途林。

4.1.1.1 防护林

防护林包括：水源涵养林、水土保持林、防风固沙林、农田牧场防护林、护岸林、护路林。

(1)水源涵养林

水源涵养林主要分布在河川上游的水源地区，对于调节径流，防止水、旱灾害，合理开发、利用水资源具有重要意义。

(2)水土保持林

水土保持林是在水土流失地区，以调节地表径流，防治土壤侵蚀，减少河流、水库泥沙淤积等为主要目的，并提供一定林副产品的天然林和人工林。

(3)防风固沙林

防风固沙林是指通过降低风速，防止或减缓风蚀，固定沙地以及保护耕地、果园、经济作物、牧场免受风沙侵袭为主要目的的森林、林木和灌木林。

(4)农田牧场防护林

农田牧场防护林是指以降低风速，防止或减缓风蚀，固定沙地以及保护耕地，保护农田、牧场免受风沙侵袭为主要目的的森林、林木和灌木林。

(5)护岸林

护岸林是指栽种在渠道、河流两岸使堤岸免受冲刷的防护林。

(6)护路林

护路林是指道路与铁路旁，为防止飞沙、积雪以及横向风流等对道路或行驶车辆造成有害影响而种植的林带。

4.1.1.2 特种用途林

特种用途林包括：国防林、实验林、母树林、环境保护林、风景林、名胜古迹和革命纪念林、自然保护区林。

(1)国防林

国防林主要是国防前线、边境线上营造的具有某种意义的森林资源，为了进一步利用国家国土资源，保护动、植物资源及减少水土流失，避免国与国间公民的居住和流动引起的不必要争端而设立的特殊林带。

(2)实验林

实验林是以提供教学或科学实验场所为主要目的的森林、林木和灌木林，包括科研试验林、教学实习林、科普教育林、定位观测林等。

(3)母树林

母树林是在优良天然林或优良人工林的基础上，通过留优去劣的疏伐，为生产遗传品质较好的林木种子而营建的采种林分。

(4)环境保护林

环境保护林是以净化空气、防止污染、降低噪音、改善环境为主要目的的森林、林木和灌木林，包括城市及城郊结合部、工矿企业内、居民区与村镇绿化区的森林、林木和灌木林。

(5)风景林

风景林是以满足人类审美和游憩需求，美化环境为主要目的的，分布在风景名胜区、森林公园、度假区、狩猎场、城市公园、乡村公园及游览场所内的森林、林木和灌木林。

(6)名胜古迹和革命纪念林

位于名胜古迹和革命纪念地，以保护文化遗产、历史遗迹、名胜古迹与革命遗址纪念地为主要目的的森林、林木和灌木林。

(7)自然保护区林

自然保护区林是为了保护生物多样性而设立的森林区域，要有足够的面积。

4.1.2　商品林

商品林是以发挥经济效益为主的森林，主导利用木材及其他林产品。

4.1.2.1　用材林

用材林是以生产木材为主要目的的林种，用材林又可以分为以下几类：

(1)短轮伐期工业原料用材林

短轮伐期工业原料用材林是指以生产纸浆、木浆、木片等特殊工业木质原料为主要目的，按工程项目管理，实行集约经营、定向培育，林木生长达到工艺成熟指标、采伐周期明显较短的乔木用材林。采伐周期一般较短。例如，马尾松 10 年，杨树、桉树 6 年。

(2)速生丰产林

速生丰产用材林，是以培育用材为目标，主要用于培育生长快、产量高、质量好、轮伐期短的集约经营人工林，主要是培育大径材。

速生指的是缩短培育规定材种的年限；丰产指的是提高单位面积上的木材蓄积量和生长量。优质主要包括对干形(通直度、尖削度)、节子数量及大小以及木材物理力学特性、纤维素含量等方面的要求。采伐周期较工业原料林长，但较一般人工林短，例如，速生丰产林采伐周期，马尾松、杉木16年；杨树、桉树8年。

(3)一般用材林

其他以生产木材和竹材为主要目的的有林地和疏林地，成熟期相对较长。例如，杉木21年、马尾松26年。

4.1.2.2 薪炭林

以生产薪材为主，通常多选择耐干旱瘠薄、适应性广、萌芽力强、生长快、再生能力强、耐樵采、燃值高的树种进行营造和培育经营，一般以硬材阔叶树为主，大多实行矮林(指以无性更新方式起源的森林，乔林指以种子或植苗的方法形成的森林)作业。例如，刺槐、柳树等。

4.1.3 经济林

经济林主要包括：果品类、油料类、药用类、能源类、香料类、饮料类、蔬菜类、工业原料类、饲料类和其他类。

4.2 我国的森林采伐类型和采伐方式

森林资源是可再生资源，在森林资源的管理中，森林采伐更新直接影响到森林经营单位的森林覆盖率、森林生长量与蓄积量、出材率和资源利用率及更新造林成效，也影响未来林分的质量、经营周期、林地生产力以及多种环境目标，从而最终影响到整个森林经营方案能否得以有效实施。因地制宜地确定森林采伐更新方式有利于改善森林质量，缩短经营周期。

采伐方式会影响到森林的环境状况，进而影响到森林的更新。

根据实际情况，我国《森林采伐作业规程》列入的采伐类型和采伐方式主要包括以下几种：

(1)主伐

主伐是以生产木材为目的的采伐，主伐可分为皆伐、渐伐、择伐3种采伐方式。

(2)抚育采伐

抚育采伐是以培育森林为目的的采伐，其采伐目的是促进留存木的生长，同时获得部分小径材，提高森林资源利用率。抚育采伐根据林种的不同，分为用材林抚育采伐和防护林抚育采伐。

根据采伐年龄和采伐目的，用材林抚育采伐又包括透光伐和生长伐。

根据采伐年龄和采伐目的，防护林抚育采伐又包括定株抚育伐和生态疏伐。

(3)低产(效)林改造采伐

低产(效)林改造采伐的目的是通过采伐部分生长差的林木，为林木的更新创造生长空间，促进保留木的生长，提高林分的生产力。采伐的对象也就是俗称成活不成林、成林不成材的林分。低产林改造采伐包括低产用材林的改造采伐和低效防护林的采伐。

低产用材林改造采伐主要针对多次破坏性采伐以后，林木生长质量较差或病虫害严重的林分。

低效防护林改造采伐主要针对病虫害严重、郁闭差的林分。

(4)更新采伐

更新采伐主要是针对防护林的采伐，是为恢复、提高防护林和特用林的生态功能，为林分更新创造条件的采伐。更新采伐分为林分更新采伐和林带更新采伐。

林分更新采伐的采伐对象是采伐防护林中的老熟林木。

林带更新采伐的采伐对象是超过防护成熟年龄，防护功能开始下降的防护林带。

4.3 森林抚育采伐

4.3.1 抚育采伐对森林生长环境的影响

4.3.1.1 抚育采伐的概念

抚育采伐是在未成熟的森林中，定期采伐部分林木，为留存林木创造良好的生长发育条件，并使采伐木得以利用的一种森林抚育措施，又称“间伐”和“中间利用”。

4.3.1.2 抚育采伐对森林环境和森林生长的影响

(1)降低林分密度，改善林木生长条件

林木随年龄的增加，单株林木的营养空间缩小，并感到不足。通过及时抚育采伐，可以保持该年龄阶段的合理密度，为留存木创造适宜的生长空间。

同时，抚育采伐可加速林下枯落物的分解，提高土壤肥力，从而给林木生长创造较好的土壤环境条件。

(2)促进林木生长，缩短林木培育期

抚育采伐扩大了保留木的营养空间，地下根系能更好地吸收养分和水分；树冠得到舒展，产生适中的冠幅和叶面积，从而使林木得到较好的生长量。尤其是林木的直径生长随密度的降低而明显地提高，可以大大缩短林木的培育期。

抚育采伐改善了林木间的关系，减少了林木间的竞争，有利于保留木的生长。

(3)清除劣质林木，提高林分质量

林分生长中会产生自然稀疏，在自然稀疏中，被淘汰的林木未必都是生长低劣的林木，保留下来的林木未必是干形良好、生长质量高的林木。因此应通过抚育采伐，有目的地选择保留木，可以用人工选优代替自然选择。

抚育采伐以人工稀疏代替了自然稀疏，促进了目的树种的生长。

(4)实现木材的早期利用，提高木材的总利用率

抚育采伐可以得到中、小径材，能够提高林分的木材总利用量。

抚育采伐提高了资源利用率，有利于保留更多的森林资源，以发挥森林的生态效益。

(5) 建立适宜的林分结构，发挥森林的多种效能

通过抚育采伐，可以使林分有适宜的树种构成、适中的密度和郁闭度、合理的层次，成为复层、异龄、混交的林分，这将有效提高森林的生产力。

(6) 通过调节密度提高林木质量和利用价值

林分密度对树木的直径生长、树干形状、节子、单株材积均有影响；适当的林分密度，可以使林木饱满度好、树节少。

(7) 增强林分的抗性和稳定性

抚育采伐由于扩大了单株林木的营养空间，加大了根系生长，增强了林木抵御雪害、风害、病虫害的能力。此外，抚育采伐清除了病虫害林木，改善了林分的卫生状况。

4.3.2　抚育采伐的理论基础

抚育采伐理论基于林木的生物学生长规律。

4.3.2.1　林木自然稀疏规律

森林生长发育过程中存在着自然稀疏现象，即林木随着年龄的生长，需要不断扩大赖以生存的营养面积，因而发生生存竞争。竞争导致一部分林木自然枯死，林分中树木株数不断减少。抚育间伐即是按照自然稀疏的规律，在森林生长发育过程中，在一定阶段根据林木生长对营养面积的要求，采伐部分林木，以满足保留林木扩大营养空间的要求，促进其加速生长。

4.3.2.2　森林演替规律

在森林演替过程中，常发生一个树种更替另一个树种的现象。一种情况是质量较差、生长较快的次要树种占据优势地位，质量较好、生长较慢的树种常有被排挤掉的危险。另一种情况是当较耐阴的、价值较高的树种处在林冠下生长时，受到上层次要树种林冠的压抑，常生长不良，需要等到次要树种老熟时林冠疏开，改善了生长条件时才能加速生长，最后逐渐排挤掉次要树种而占优势地位，这一自然过程常需要较长的时间。通过抚育间伐，采伐部分次要树种，在前一种情况下，可以保证质量好的树木免受排挤从而占据优势地位。在后一种情况下，通过采伐部分上层林木，可以使质量好的主要树种提前获得良好的生长发育条件，从而加速主要树种更替次要树种的进程。

4.3.2.3　叶量与林木生长的关系

林木通过叶子的光合作用制造有机物质，叶的数量越多，制造有机物质越多。由同一树种组成的林分，在到达一定年龄而林冠充分郁闭后，叶量就不再变化了。这时候，若保持林分密度不变，则林木虽年龄增长，平均单木叶量及生长量仍保持不变。在树高不断增长的情况下，显然年轮的增长就越来越窄，使林木变得纤细，就会延长工艺成熟

期。通过抚育间伐，减少单位面积上林木株数，可使保留木树冠扩展。当林冠恢复郁闭时，林分的总叶量与间伐前持平，而单木叶量却大大增加，加速了保留林木的生长，因而可缩短林木的培育期。

4.3.2.4　树干材积和形质与林分密度的关系

通常林分密度越大，包括枝、叶、干在内的地上部分总生产量中，枝、叶的比例越低，而干材的比例越高。所以，若要增加干材的比例，应培育尽可能密的林分。但是，密度过大，树干径级就会变小，难以获得较大的材种。因此，必须通过抚育间伐，根据对树干材积和材种的要求，适当地调整林分密度。

树干的圆满度和树节多少也与林分密度密切相关。林分密度越小，干材的尖削度越大。林分密度越大，干材的圆满度越高，树节越少且包入树干快，最终不易显出节子。因此，抚育间伐也不应使林分密度过小，以免影响树干形质。

4.3.2.5　林分密度效应法则

林分的平均单株材积和质量随着密度的增加而递减。林分单位面积的产量是林分各个体产量的总和，取决于单株材积和单位面积株数两个方面。因此，在单株材积的增加还未能足以弥补单位面积上株数减少的影响之前，林分单位面积产量呈现随密度而增加的现象。

4.3.3　抚育采伐的采伐方式

《森林采伐作业规程》将用材林的抚育采伐分为透光伐和生长伐。它们各自适用的条件，如下：

4.3.3.1　透光伐

一般在幼龄林内，林分开始郁闭时进行。

(1)透光抚育的采伐对象

①抑制主要树种生长的次要树种、灌木、藤本、高大的草本植物。

②树干纤细、生长落后、干形不良的植株。

③在天然更新或人工促进天然更新(松土、锄草)，上层林木起保护作用，新的幼林已经长成，需要砍伐上层林木。

④实生起源的主要树种数量已达营林要求，伐去萌芽起源的植株。萌芽更新的林分中，萌条丛生，择优而留。

⑤透光伐不仅要考虑种间竞争，还应考虑互相适应。有些植株虽无长远的培养前途，但能遮护土壤，减少杂草滋生，调节小气候，有利于主要树种生长，不能一次伐去。

(2)透光抚育的时间、次数与强度

夏初进行透光抚育，容易识别各树种的相互关系；而且树木枝条柔软，采伐时，不易碰断保留木。透光抚育一般一次不够，需根据树种的生长状况确定重复次数，一般每隔 2~3 年或 3~5 年，再进行 1 次或 2 次。抚育采伐的强度以单位面积上保留主要树种的株数作为强度的参考指标。

(3)透光抚育的适用范围

透光抚育在幼龄林出现营养空间竞争，林木开始分化时进行。一般在郁闭度 0.9 或分布不均郁闭度 0.8 以上的人工幼龄林；郁闭度在 0.8 或分布不均郁闭度 0.7 以上的天然幼龄林中进行。

4.3.3.2　生长伐

生长伐的目的是调节林分密度，加速林木生长。通过不断调整林分密度，使保留木得以良好生长，并提高木材质量，缩短成熟期，实现优质、丰产的目的。

生长伐的采伐方式分为下层疏伐、上层疏伐、综合疏伐和机械疏伐。

(1)下层疏伐法

下层疏伐法主要伐除居于林冠下层生长落后，径级较小的濒死木和枯立木，也即自然稀疏中，将被淘汰的林木，也砍伐个别的粗大、干形不良的林木(图 4-1)。

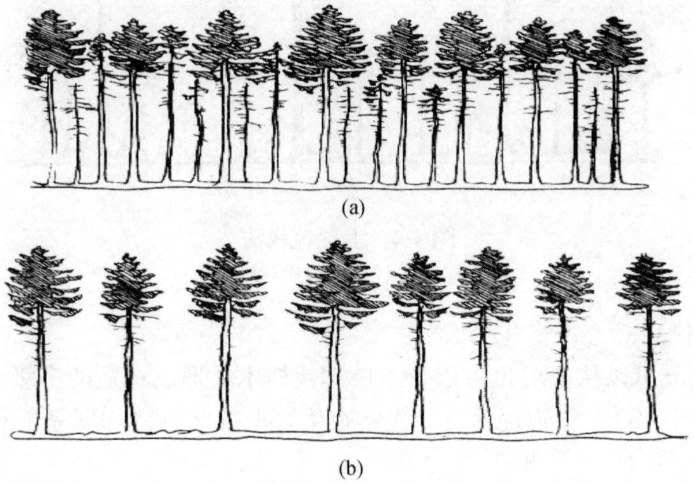

图 4-1　下层疏伐法

(a)疏伐前林分　(b)疏伐后林分

下层抚育主要伐除林冠下层的林木，抚育后对林冠结构的影响不大，仍保持林分良好的水平郁闭。

下层抚育被用于松、杉等喜光的针叶纯林。因为在针叶林中，生长高大的植株往往是干形良好，树冠发育正常，生长势旺盛，具培育前途的树木。林冠下层生长落后的林木是自然稀疏中将要淘汰的林木。

(2)上层疏伐法

上层疏伐法主要砍伐居于上层林冠的林木，适合于阔叶林和各种混交林(图 4-2)。有阔叶树种的林分中，位于林冠上层的树木往往包括干形不良，分叉多节，树冠过于庞大，经济价值低的树木，并影响其他树木的生长。

上层疏伐法起源于法国的橡林采伐，欧洲人称为法国橡林疏伐法。上层抚育时，砍伐木主要选自上层林冠，人为改变了自然选择的总方向；积极干预了森林的生活，为保留木创造了良好的生长环境，促进了林分的生长。

(a)

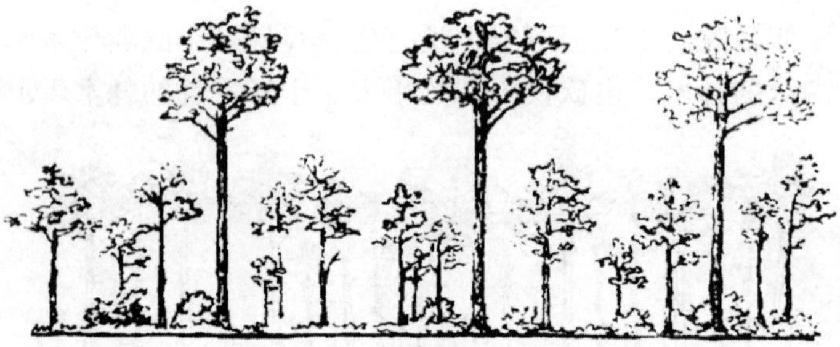

(b)

图 4-2　上层疏伐法

(a)疏伐前林分　(b)疏伐后林分

(3)综合疏伐法

综合疏伐法既可以从上层也可以从下层选伐树木，形成林冠的多级郁闭。主要适合于复层异龄林(图 4-3)。实施抚育时，先将在生态上彼此有密切联系的林木划分成若干植生组(树群)，然后以每一植生组为单位选木。综合疏伐法选木时，将林木分为优良木、有益木和有害木。

①优良木　一般树冠正常发育、干形优良、生长旺盛，为培育对象。

②有益木　有益木的作用是保证优良木的整枝，遮蔽林地，而生长级中等或偏下，应予以保留。

③有害木

有害木往往妨碍优良木的生长，如树冠过分庞大，尖削，多枝节，有害木为抚育采伐的砍伐对象。

此外，抚育采伐中，生长落后的林木也应当采伐。

以上疏伐方式，基本上是择劣而伐，称为选择性疏伐。

(4)机械疏伐法

机械疏伐法适合于密度均匀分化不明显的人工林，又称几何抚育法(图 4-4)。机械疏伐作业时，按隔行或隔株的原则，机械地确定砍伐木，不考虑林木生长的级别和品质

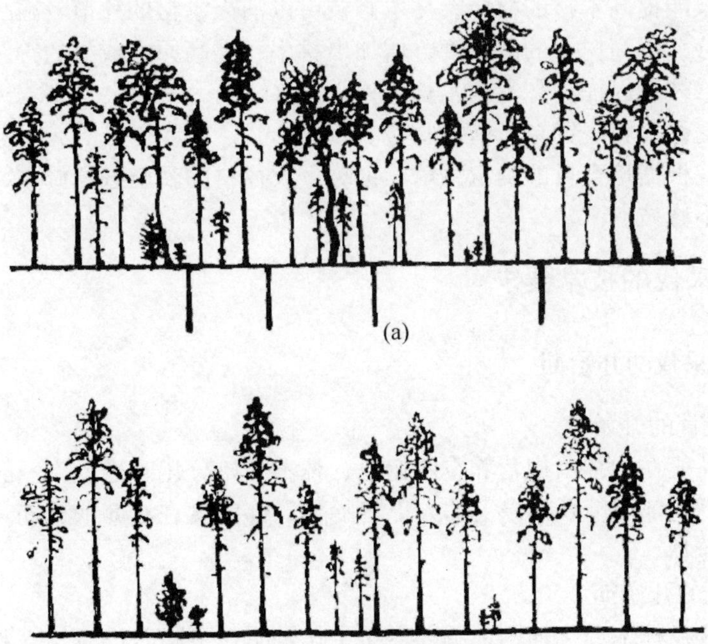

(a)

(b)

图4-3　综合疏伐法

(a)疏伐前林分　(b)疏伐后林分

图4-4　机械疏伐法

的优劣。

机械疏伐法成本低，易于操作，适合于培育良好的工业用材林或速生丰产林。

(5)修枝

修枝是森林经营的重要措施，修枝的目的是为了促进生长，培养无节良材。林木的修枝有如下重要意义：

①林木修枝能提高木材的材质。林木修枝可以消灭木材的死节，减少活节，增加木材中的无节部分，提高树干的圆满度，增加出材率，提高原木成材的等级；

②对林木修枝可以提高林木的生长量；

③修枝可提供燃料、饲料，增加收益。

林木修枝应根据培育目的确定，培养锯材、大径材的就应进行修枝，培养成纸浆材获纤维材的可不修枝。

4.3.4 抚育采伐的技术要求

4.3.4.1 抚育采伐的开始期

(1)透光抚育的开始期

透光抚育一般在幼林出现营养空间竞争、林木开始分化时进行。一般适合于郁闭度在0.9或分布不均郁闭度0.8以上的人工幼龄林；郁闭度在0.8或分布不均郁闭度0.7以上的天然幼龄林。

(2)生长伐的开始期

生长伐一般在林木分化加剧，胸径连年生长量明显下降时进行，一般在近熟林前作业1~2次。在未间伐的林分中，胸径连年生长量连续下降的第2年进行第1次抚育间伐。

生长伐适合于下列条件的林分：

①郁闭度0.8以上的中龄林。

②郁闭度0.7以上，下层目的树种较多的中龄林。

③遭受轻度自然灾害的林分：如雪折、病害、风折等。

生长伐开始期的确定，一般考虑下列因素：密度大的林分开始早；树冠大的树木开始早；喜光树种开始早；速生树种开始早；立地条件好的开始早等。

生长伐一般应在林分分化剧烈的情况下开始。林分分化剧烈，一般指的是林分的株数按径阶分配的比例，分化越强，林木直径相差越大，小径木数量越多。40%林木胸径小于林分平均直径时，应进行首次生长伐。此外，也可以参考采用树冠长度与树木高度的比来确定生长伐的开始期，树冠越小，说明林木竞争越强烈。

4.3.4.2 抚育采伐的强度

不同强度的抚育采伐对林地的光、热、水等环境条件产生不同的影响，因而对林分的高生长、直径生长、材积生长、材质、工艺成熟期均会产生不同程度的影响。

采伐强度以每次采伐木的材积占林分蓄积量的百分率表示。采伐强度的确定，一般考虑下列因素：

(1)经营目的

经营培育大径材，应采用强度较大的间伐；培育小径材，为提高单位面积产量，采用较小强度的多次抚育采伐，能保持较高的生长量。

(2)树种特性

有些树种顶端优势旺盛，主干明显，高生长旺盛，这些树种多是速生树种，可采取较大的抚育采伐强度，如杉木、松树、杨树、水杉等。

有些树种顶端优势不明显，林分密度低时，树杈丛生，影响通直圆满，可采取较小的采伐强度，如榆树、刺槐、枫杨等。

(3)立地条件

抚育采伐强度的确定，一般陡坡应小于缓坡，山地应小于平原；如果考虑坡向，北方阳坡的采伐强度应小于阴坡，而南方阴坡的采伐强度应小于阳坡。

(4)林分年龄

中龄林以后的林分生长势减弱，树冠恢复较慢，抚育强度宜小。

(5)伐后保留的郁闭度

生长伐后，人工林郁闭度应不低于0.6，天然林郁闭度应不低于0.5，不能造成天窗。生长伐抚育的蓄积强度应低于20%，伐后的林分平均胸径应不低于伐前林分平均胸径。

4.3.4.3　采伐木的选择

抚育采伐选择的采伐对象，主要包括：

①抑制主要树种生长的林木和植物，如透光伐中，应伐除灌木、藤本、高大的草本植物，以及影响主要树种生长的林木。

②生长过密的林木。

③感染病虫害的林木、病腐木。

④弯曲木。

⑤被压木(生长明显落后的树木)。

⑥枯立木(又称站杆)。

⑦在混交林中应保留经济价值高和实生起源的目的树种。

⑧非目的树种有下列情况的可以保留：生长不好的目的树种和生长好的非目的树种彼此影响；非目的树种伐去，造成林中空地引起禾本科杂草滋生和土壤干燥；对培育干形生长有利的辅助木应保留；为改良土壤，在立地条件较差的针叶纯林中生长的阔叶树，应力求维持混交林的状态。

4.3.4.4　抚育采伐的间隔期

抚育采伐的间隔期应考虑树冠恢复郁闭的速度和直径连年生长量重新下降的情况。抚育采伐间隔期与采伐强度和林分的生长量有关，也与树种特性、林龄、立地条件有关。抚育采伐的间隔期应考虑下列因素：

①采伐强度大，间隔期应长。

②考虑林分的生长量，速生树种的间隔期应短。

③考虑经营目的，培育大径材时，间伐强度应大，间隔则长。

④考虑立地条件，立地条件好的林分，间隔期可短。

⑤经济条件可能的情况下，采伐量小、间隔期短的多次抚育可使林分保持较大的生长量，形成树干圆满通直。

4.3.5 抚育采伐与人工林林下植被

抚育采伐可以促进林下植被的发展，林下植被对于人工林来说，可以起到如下作用：

①增加生物多样性，间伐或稀植的林分，植物多样性大大增加。

②拦截径流，稳定土壤，防止土壤侵蚀。

③增加土壤有机质，改善土壤的结构。

④作为养分库，减少养分淋洗。

⑤有利于林分的养分循环。

⑥固氮，如林下的豆科植物。

⑦增加土壤生物多样性(动物与微生物)。

4.4 森林主伐与森林环境

森林主伐是为生产木材而进行的采伐，分为皆伐、渐伐、择伐。

4.4.1 皆伐与森林环境

皆伐是将伐区上的林木在短期内一次全部伐光或者几乎全部伐除，并于伐后主要采用人工更新或人工促进天然更新恢复森林的一种采伐作业方式。

4.4.1.1 皆伐的种类

根据伐区的形状，皆伐可分为：

(1)大面积皆伐

大面积皆伐作业的区域面积很大，可机械化作业，例如，采用伐木机采伐。作业成本低，适合于地势平坦的林区，特别是短轮伐期工业原料林的采伐。

(2)带状皆伐

带状皆伐将伐区划分成狭长的带，先皆伐数带，由未采伐带的林木侧方下种，待成苗后，再皆伐其他带。

带状皆伐伐区形状一般为长方形，长边为伐区长度，短边为伐区宽度，伐区宽度一般为树高的2~5倍(50~100m)。

(3)块状皆伐

块状皆伐适合于地形不整齐或不同年龄林分块状混交的情况。伐区的形状视地形条件而定，以面积控制采伐强度。块的大小一般为1~3hm^2，坡度较大，立地条件较差时，面积应相应缩小。南方山区，地形起伏，沟谷交错，适合于采用块状皆伐。

4.4.1.2　皆伐的特点

皆伐是将伐区内的林木一次伐尽或几乎全部伐除的采伐方式。在皆伐迹地上的更新方式多采用人工更新，形成的新林分一般为同龄林。皆伐的历史晚于择伐，它是随着用材林实行机械化采伐而兴起的。

皆伐具有许多显著的特点，例如，皆伐是一次伐完全部林木，不需要像渐伐和择伐那样进行选择采伐木和采伐强度等复杂的工作，因而是3种主伐方式中最简便易行的一种。皆伐对木材生产是最为有利的主伐方式，即皆伐可获得的木材量最多，而生产成本最低。

皆伐迹地一般都采用人工更新，多为人工植苗。人工植苗能够在短时间内恢复森林，并可利用良种选育、容器育苗等技术，从而缩短培育周期，提高林木质量，且可以人为确定造林的树种和混交比例。

4.4.1.3　皆伐对森林环境的影响

皆伐对森林环境的影响比较大，主要表现在：

(1)迹地小气候条件变化较大，对森林更新有一定程度的影响

当林木皆伐以后，稳定的森林环境遭到破坏，迹地小气候条件发生急剧变化。主要表现在温度变幅增大，风速大于林内，湿度低于林内，光照强。这些变化常易使幼苗和幼树遭到日灼或霜冻的危害。对一些不适应迹地环境变化的树木，更新会受到一定程度的影响，特别是天然更新。

(2)对森林土壤的影响

皆伐后，由于环境剧变，土壤结构破坏，将使土壤水分发生很大变化。皆伐会使干旱地区的表土变得更为干燥，而在冷湿、地下水位高的地区，迹地积水有变为沼泽地的危险，土壤的这些变化均对森林更新不利。

(3)皆伐对生物多样性的影响

皆伐作业一次将林木全部伐尽，严重地破坏了森林群落的生态平衡，将迫使一些珍贵的野生动物迁徙和使一些珍贵的野生植物消失。

(4)皆伐破坏了森林涵养水源，保持水土的功能

森林皆伐以后，由于迹地裸露，可能导致水土流失，削弱森林在水源涵养和水土保持方面的有益效能。

(5)其他不利影响

皆伐后，由于阳光充足，杂草灌木滋生，给迹地更新带来一定困难；迹地总受热量增加，为虫害繁殖创造了条件。

减少皆伐对环境影响的最主要措施是控制皆伐的面积，并适当保留“母树”。

4.4.1.4　皆伐的适用条件

采用皆伐方式要依具体情况而定：

①皆伐人工更新适用于各类森林，而皆伐天然更新受一定条件制约，必须具备天然

更新的三要素，即足够的种源、适于种子发芽与幼苗生长的林地条件和气候条件。

②皆伐最适用于成过熟同龄林、中幼龄树木少的异龄林以及需要更换树种或遭受严重灾害的林分。

③异龄、复层林不宜皆伐。因为皆伐将导致正在生长的幼壮林木随同成熟林木一起被伐除，造成不应有的损失，同时破坏了生产力较高的复层林分。

④皆伐不适用于沼泽水湿地或水位较高、排水不良土壤上的森林。

⑤凡岩石裸露，滚石坡，石质山地以及土层浅薄、更新困难的地段，均应避免采用皆伐。

⑥高山陡坡、溪流两岸和容易引起水土冲刷地区的森林，严禁皆伐。

⑦皆伐适合于喜光树种的更新，如落叶松、马尾松、樟子松、桦、刺槐、杨树、桉树等，这些树种称为先锋树种。

4.4.1.5 皆伐的技术指标

皆伐的技术指标主要包括：

(1)伐区形状

皆伐的伐区形状，一般要考虑两侧林墙的庇护和种子的传播，一般为长方形、块状。

(2)伐区面积

皆伐的伐区面积要根据伐区坡度确定，根据《森林采伐作业规程》，伐区面积限制见表4-1。

表4-1 皆伐面积限度表

坡度(°)	≤5	6~15	16~25	26~35	>35
皆伐面积限(hm^2)	≤30	≤20	≤10	≤5(南方)北方不采伐	不采伐

如果皆伐以后采用人工更新，应考虑下列因素：

(3)伐区的宽度

皆伐的伐区宽度应考虑种子的飞散、林墙对幼苗的庇护，山地条件还应考虑水土保持。

(4)伐区方向与采伐方向

伐区方向应与种子飞散期的主风方向垂直，采伐方向与主风方向相反，有利于树木种子的传播。

(5)邻接伐区采伐间隔期

邻接伐区的采伐要待以采伐伐区幼树稳定，森林更新有保证时采伐，山地森林还要等到幼林郁闭。

4.4.1.6 皆伐迹地的更新

皆伐迹地的更新直接关系到森林环境的恢复和森林资源的可再生利用。

(1)人工更新

皆伐的人工更新应该适地适树、良种壮苗、适时抚育并保存伐前更新的幼树。

(2)天然更新

皆伐迹地的天然更新要有一定的条件，即要有足够的种源，适于种子发芽和幼苗生长的林地条件和气候条件。

皆伐迹地种子的来源可来源于两侧林墙、未采伐前积聚的种子、采伐木脱落的种子、伐前更新的幼树等。有时需要人工促进天然更新，如保留母树，美国称为留伐法或母树法。

4.4.2 渐伐与森林环境

渐伐不是将伐区上所有林木一次伐光，而是在较长时期(一般不超过一个龄级，如5~20年)分2次或多次采伐掉伐区上全部成熟林木。

渐伐是林冠下的更新，更新过程和采伐过程同时并进，并根据林下更新状况进行，当留存林木的遮阴对幼苗、幼树的生长有妨碍时，即把所有成熟林木伐去。

4.4.2.1 渐伐的采伐过程

(1)预备伐

预备伐是为更新准备而进行的采伐。通常在林木密集，树冠发育较差，同时林地枯枝落叶层很厚，妨碍种子发芽和幼苗生长的林分中进行。

首先伐去病腐和生长不良的林木，以疏开林冠、增加林内光照、加快林地枯枝落叶的分解，改善林地种子发芽和幼苗生长的条件。同时促进伐区上保留的优良林木的结实，采伐强度(按蓄积计算)一般为25%~30%，采伐后林分郁闭度应降到0.6~0.7。

(2)下种伐

预备伐若干年后，为疏开林木和创造幼苗生长的条件而进行的采伐。一般在种子年进行，以使更新所需的种子尽量落在林地上。有时要在林冠下辅以带状和块状松土。强度一般为10%~25%。伐后林分郁闭度保持在0.4~0.6。以保护林冠下幼苗免受高温、霜冻、杂草的危害。若伐前林分郁闭度只有0.4~0.6，则不进行。

(3)受光伐

下种伐以后，林地上逐渐长起许多幼树、幼苗，它们对光照的要求越来越多，受光伐就是给逐渐成长起来的幼树增加光照进行的采伐。此时幼树仍需一定的森林环境保护，林地上需保留少量树木。采伐强度10%~25%，伐后郁闭度在0.2~0.4。

(4)后伐

受光伐3~5年后，幼树得到充足的光照生长加速，逐渐接近郁闭状态，且能抵抗日灼、霜冻和杂草的危害，需将老树全部伐去。

4.4.2.2 渐伐对森林环境的影响

(1)有利于森林更新的环境

渐伐中，成熟林木是根据林冠下森林更新的进程，逐渐进行采伐的，因此林地有丰富的种源。同时，幼苗、幼树早期在上层林木的庇护下，可避免各种灾害的侵袭，容易成活。

林地在培育幼林的同时，保留了部分上层林木，充分利用了地力，提高了光能利用率。同时，由于林冠疏开，使保留的优良木获得了充分的光照和营养空间而加速生长，因而能提高林分的木材产量，并获得较好的材种。

在采用皆伐后森林更新有困难的林分中，渐伐可以改善更新条件，获得合乎经营要求的幼林。在容易获得天然更新，但土层浅薄，不宜采用皆伐的林分，可采用渐伐。

(2)有利于水土保持

渐伐的基本特征是逐渐稀疏成熟林木，避免林地骤然裸露，始终保持一定的森林环境，并在采伐的同时，新林得到恢复，因而有利于水土保持。对山地中坡度较大的林分，采用渐伐可减少水土流失。

(3)有利于改善林分组成

渐伐中，由于每次采伐时，保留木经过严格的选择，这些保留木是伐区更新的种源，因而有利于改善林分的树种组成和提高林木的遗传性。

(4)渐伐会损伤保留林木和幼树

渐伐是对成熟林木分几次伐完，早期的采伐需要进行复杂的选木过程，因此技术要求较高，会造成保留木的损伤，而在后期采伐，常会损伤更新幼树。

此外，保留木在突然疏开的情况下，容易发生风折、风倒的危害和枯梢等生长不良现象。当初期采伐强度过大时，这种现象更为严重。此外，由于上层林木的存在，在一定程度上会阻滞林冠下幼树的初期生长。

(5)可缩短林分渐伐期

渐伐在伐尽成熟木的同时，获得了较完满的更新幼林，可缩短林分轮伐期。

4.4.2.3 渐伐的技术指标

(1)采伐强度

预备伐的采伐强度为25%~30%，采伐对象为生长不良的林木；下种伐的采伐强度为10%~25%，采伐对象为处于种子年的大径木；受光伐的采伐强度为10%~25%，采伐对象为影响幼树生长的树木；后伐是待更新林木生长稳定后，全部伐除剩余的成熟林木。

(2)渐伐的间隔期

渐伐的间隔周期指各次采伐的间隔期，根据各次采伐的目的决定。预备伐到下种伐的间隔期，取决于树木的种子年，一般3~5年；下种伐到受光伐的间隔取决于树种的耐阴性；受光伐到后伐的间隔期取决于幼林的郁闭以及立地条件。

(3)渐伐木的选取

渐伐的进行中，应尽量将树干通直圆满、树冠发育良好、生长迅速、有生长潜力的树木保留到最后采伐。在采伐中，应优先伐除非目的树种、病腐木、生长不良木。

4.4.2.4　渐伐的种类

(1)均匀渐伐

均匀渐伐又称广状渐伐，就是在预定要进行渐伐的全林范围内，同时均匀地进行各次采伐。

(2)带状渐伐

按一定方向分带采伐，在一个采伐列区上由一端开始，在第一个伐区上进行预备伐，其他带不动；经几年后，在第一个伐区进行下种伐，第二带进行预备伐；又经几年，第一个伐区受光伐，第二个伐区下种伐，第三个伐区预备伐。

带状渐伐有利于水土保持，幼树、幼苗能得到侧方树木的庇护。

(3)群状渐伐

一般将生长有幼苗、幼树而上层林木稀疏的地段作为基点，先进行采伐，然后向四周逐渐扩散至全林。

(4)渐伐的省略

渐伐可根据实际情况，省略其中的 1 次或 2 次，如老林已经疏开，则不必进行预备伐；如老林中已有足够数量的苗木时，则不必进行预备伐及下种伐。

《森林采伐作业规程》规定：

①上层林木郁闭度小，伐前更新较好，可采用二次渐伐。

二次渐伐可省去预备伐和下种伐，第一次受光伐，采伐林木蓄积 30%，保留郁闭度 0.4，后伐，视林下幼树的生长情况，幼树接近或达到郁闭，则可以进行第二次采伐。

②上层林木郁闭度较大，伐前天然更新较差，可采用三次渐伐。

第一次下种伐，采伐林木蓄积 30%，保留郁闭度 0.5；第二次受光伐，采伐林木蓄积 50%，保留郁闭度 0.3；后伐，视林下幼树的生长情况，幼树接近郁闭，则可伐除上层林木。

4.4.2.5　渐伐的适用条件

渐伐适合于下列情况：

①天然更新能力强的成过熟单层林或接近单层林的林分。

②皆伐后易发生自然灾害(如水土流失)的成过熟同龄林或单层林。

一些成过熟的同龄林、单层林可以采用皆伐的方式，但皆伐后可能产生自然灾害，如水土流失，这种情况可以考虑采用渐伐。

渐伐作业过程中，林地始终存在保留木，一直到更新的幼林郁闭，故可减少水土流失。

③既适用于喜光树种，也适合于耐阴树种。

喜光树种可以通过加大采伐强度，保证光照，且幼树稳定后上层林木即去除。渐伐是以天然更新为依据的采伐方式，有时依靠天然更新难以获得预期的效果可以采用人工促进天然更新或人工更新。

4.4.3　择伐与森林环境

择伐是每隔一定的时期，把林分中合乎一定经济要求的成熟林木和应当采伐的林木进行单株分散采伐或者呈群团状采伐，而将不成熟和不适合采伐的林木保留下来继续生长，始终保持伐后的林分中有各龄级林木的一种主伐方式。森林的天然更新是连续进行的，择伐后的林分仍为异龄、复层或复层异龄林。

4.4.3.1　复层林的形成与择伐

由两个或两个以上的林冠层形成的林分，称为复层林，林分建立复层结构无论对培育用材林或防护林都有许多优点，主要表现在以下几个方面：

(1)复层林的生长量大于单层林

复层林能有效利用太阳能，有效利用立体空间，并在时间上可以重复利用。

(2)复层林内较好的小生境，有利于更新。

复层林内有较好的土壤水分和空气湿度，幼苗成活率大大高于林外。复层林采用林冠下更新，可避免气象灾害，如冻害、风害、日灼等。

(3)复层林更新方式灵活

复层林可以天然更新或人工补植，节约劳力和更新成本。

(4)复层林有利于水土保土

复层林可以较好地截留降雨，枯落物层较厚，保水保土的作用很强，不会造成水土流失，水源涵养能力强。

(5)复层林的生物多样性高

由于林内气候条件好，有丰富的食物，可以提供多种栖息地，因而动植物的多样性高。复层林的维持或创造可以通过择伐实现。

4.4.3.2　异龄林的形成与择伐

异龄林是树木年龄相差一个龄级以上的森林，形成异龄林有利于木材资源的持续利用，通过择伐可以维持和创造异龄林。

4.4.3.3　择伐与森林环境

(1)择伐有利森林环境方面

择伐是最有利于森林环境保护的一种采伐方式，择伐林分始终保持着完好的林相，能持续地维护森林环境，主要表现在：

①择伐后，林地上永远有林木的庇护，土壤和小气候条件变化甚小，可维持森林对地表径流的吸收作用和对水源的涵养作用。

②择伐有利于森林的天然更新。由于择伐是渐次连续进行的，林内的天然更新也随之连续发生，择伐林中的天然更新能不间断地进行，幼苗、幼树也能得到林冠的保护，更新效果好。

③择伐有利于森林生物多样性的保护。择伐后，森林仍保持异龄、复层状态，保存

着各种野生动物、植物繁殖的良好环境，有利于生物多样性的维持。

④择伐作业中，森林生态系统的平衡状态不受破坏，森林中各种生物协调平衡，很少发生严重的病虫灾害。

⑤择伐后的林分生产力较高。择伐以后，林分为多级郁闭，各级林木都能获得充分的光照，因而森林对光能的利用率较高。另外，择伐在利用成熟木的同时，注意培育保留木，因而林分的生产力较大，生物量高。

⑥择伐更新能节省造林成本。择伐的天然更新与原始林的自然更新过程相似，在老林的庇护下很容易获得成功，因而能充分利用森林的自然更新能力，大大降低更新费用。

(2)择伐存在某些局限和不足

主要表现在：

①择伐需要较高的技术。择伐时对砍伐木的选择较复杂；将择伐的林分逐渐转变为平衡异龄林，也需要较高的技术。

②伐木时容易损伤保留木和幼树。

③择伐的采伐木比较分散，不易发挥机械效能，增加了伐木和集材的费用，加上采伐强度小，使得木材生产成本较高。

4.4.3.4 择伐的适用范围

(1)复层林

为保持森林的复层结构，复层林应采用择伐。

(2)异龄林

指林木年龄相差一个龄次以上的森林。

(3)为形成复层异龄林结构的成过熟同龄林或单层林

由于复层异龄林的优越性，在森林经营中经常有目的地将森林逐步改造为复层异龄林。此时对成、过熟的同龄林或单层林就要采用择伐，保留一部分树木。

(4)竹林

竹林的特点是年年产生新竹，故竹林是异龄林，必须采用择伐。

(5)不适于皆伐和渐伐的林分

在陡坡、岩石裸露地，不易更新以及采伐后容易引起水土冲刷的林分，可采用择伐。

皆伐后容易引起林地沼泽化和草原化的林分，采用择伐可以防止林地环境恶化。

(6)混有珍贵树种的林分

为了保证珍贵树种的繁衍和发展，可采用择伐。采伐时，应将珍贵树种作为保留木，使其下种而繁衍后代。

4.4.3.5 择伐作业的技术要求

择伐的出发点是维持或创造复层异龄林，因此每次只能采伐部分成熟林木。择伐的技术要求主要包括以下几点：

①凡胸径达到培育目的的林木(成熟林)蓄积量占全林蓄积超过70%的异龄林可以采伐达到胸径指标的林木。

②或林分平均年龄达到成熟龄的成过熟同龄林或单层林，可以采伐达到胸径指标的林木。

③择伐后林中空地直径不应大于林分平均高，蓄积量择伐强度不超过40%，伐后郁闭度应保留在0.5以上。

④回归年或择伐周期不少于1个龄级，下次的采伐量不超过这期间的生长量。

回归年或择伐周期指两次采伐的间隔期，采伐量不超过生长量才能保证森林资源的可持续利用。

⑤下次采伐时林分单位蓄积量应高于本次采伐时的林分单位蓄积量。

⑥首先确定保留木，将能达到下次采伐的优良林木保留下来，再确定采伐木。

确定采伐木的原则是：采坏留好、采老留壮、采大留小、采密留均。把采伐和育林有机结合起来。

⑦竹林采伐后应保留合理密度的健壮大径母竹。

⑧择伐采用径级作业法，采伐成熟林木中符合经营要求的林木。

4.5 低产林改造采伐

低产林改造采伐适合于立地条件好、有生产潜力的低产林。这类低产林分多由于树种选择不当，苗木质量差、造林成活率低，抚育采伐不及时等原因形成。

林分改造的目的主要包括：更换树种，形成混交林，恢复生长势，去劣换优，调整密度，补种补植，科学管理。

4.5.1 低产林改造采伐的适用对象

①郁闭度0.3以下。

②多次破坏性采伐、林相残破，无培育前途的残次林。这类森林中生长良好的树木多被伐去，残留的树木多为价值低、干形不良或受病虫害的林木，是采伐中去优存劣造成的。

③多代萌生无培育前途的萌生林。

④有培育前途的目的树种株数不足林分适宜保留株数40%的中龄林。

⑤遭受严重火烧、病虫害、雪害、风折等灾害，没希望复壮的中幼龄林。

4.5.2 低产林改造采伐的采伐方式

(1)皆伐改造

皆伐改造适合于生产力低、自然灾害严重的低产林、更换树种的林分。皆伐可以采用带状皆伐和块状皆伐。

皆伐面积的限制：坡度5°以下时，$10hm^2$；坡度6°~15°时，$5hm^2$；坡度16°~25°时，$3hm^2$；25°以上，进行带状皆伐，可设顺山带、横山带或斜山带。

遭受易传染病虫害的林分，应采用块状采伐。

(2)择伐改造

适合于目的树种数量不足的低产林，伐除非目的树种，无培育前途的老龄木、病腐木、濒死木。保留目的树种中生长健壮的中、小径林木，在林冠下或林中空地上栽植耐阴树种。

改造后及时更新，更新期不超过1年，保证良好的更新效果。

4.6　其他采伐

其他采伐主要包括：工程建设及征占用林地采伐林木；薪炭林、经济林、特用林采伐；修建森林防火隔离带，森林病虫害防治隔离带采伐；散生木和四旁树采伐等。

4.7　森林采伐与更新方式

森林采伐后，按更新时间，可分为伐前更新、伐后更新和伐中更新；按树种起源，可分为有性更新和无性更新；按实施方法，可分为天然更新、人工更新和人工促进天然更新。

4.7.1　人工更新

用人工植苗、直播、插条或移植地下茎等方式恢复森林的过程。人工更新的适用范围包括：

①改变树种组成。

②皆伐迹地。

③皆伐改造的低产林。

④集材道、楞场、装车场、生活区。

⑤工业原料林。

⑥非正常采伐。

⑦其他采用天然更新困难的情况。

人工更新应做到：适地适树、良种壮苗、细致整地、合理密度、精心管护、适时抚育。

整地作业指的是按需整地，即在植苗的地方，翻土、碎土、疏松土壤、消灭杂草；适时抚育指的是根据杂草、幼树分布，每年两次，继续3~4年，可使幼树稳定。

4.7.2　天然更新

4.7.2.1　天然更新的主要方式

天然更新是利用自然力的更新，主要包括：

(1)天然下种

天然下种俗称飞子成林，是有性更新。大多数针叶树种更新依靠这种方式。一些阔叶树也能依靠天然下种更新，如樟树、栎类、桦等。

(2)萌芽更新

萌芽更新指利用林木营养器官的再生能力恢复幼林，是天然无性更新。例如，由树木伐根或树干上的萌芽更新；根蘖繁殖是利用树木根上的不定芽萌发形成幼林的过程。

大多数的阔叶树，如栎类、杨、柳、枫香、泡桐、刺槐、榆树、椴树，部分针叶树，如柳杉、水杉等均有较强的萌芽能力；杨、刺槐、泡桐、臭椿都有根蘖萌生的能力。

大多数针叶树只能有性更新，而许多阔叶树两种方式均具备。

4.7.2.2 天然更新的适用范围

①择伐、渐伐迹地有良好的环境，充足的种源，有利于天然更新的成功。

②择伐改造伐除老龄木、病腐木、濒死木之后，可以采用天然更新的方法更新。

③采伐后保留的目的树种幼苗、幼树较多，分布均匀，规定时间可以达到更新标准。

④采伐后保留天然下种的母树较多，或具有萌蘖能力强的树桩较多，分布均匀，规定时间可以达到更新标准。

⑤立地条件好，雨量充足，适于天然下种、萌芽更新的迹地。

4.7.3 人工促进天然更新

人工促进天然更新指的是采用某些单项措施以弥补天然更新过程的不足。例如：

①保留母树(生长健壮、结实丰富的、冠形优良，抗风力强的林木)以补充林墙天然下种的不足。

②保护伐前更新幼树。

③人工补播补植，以弥补天然种苗的分布不匀。

④进行部分块状或带状松土，以改善种子发芽和幼苗幼树生长发育的条件。

⑤封禁更新区防止人、畜对幼苗、幼树的破坏，直到幼树达到足够数量和安全高度。

人工促进天然更新的适用范围包括：

①渐伐迹地。

②补植改造的低产林。

③采伐后保留目的树种天然幼苗、幼树较多，但分布不均，规定时间难以达到更新标准。

4.7.4 森林采伐后的更新要求

(1)更新时间

①采伐后的当年或次年内完成更新造林作业。

②对未更新的采伐迹地，林中空地，限期完成更新。

(2) 更新成活率

一般要求人工更新当年成活率 85%，干旱地区 70%，人工促进天然更新的补植成活率当年 85%。

(3) 保存率

皆伐迹地更新第三年幼苗、幼树保存率 80%，干旱地区 65%；择伐迹地更新频度 60%；渐伐 80%。

(4) 合格率

成活率达到标准的更新迹地面积占按规定应更新的伐区面积比，应达 95%，第三年保存率合格的更新迹地应占伐区面积 80%。

第5章 伐区木材生产作业与森林环境保护

5.1 木材生产作业的特点和基本原则

5.1.1 木材生产作业的特点

(1)木材生产具有获取林产品和保护生态环境的双重任务

森林当中具有国民经济和人民生活必不可少的木材和各种林产品，开发林产品是森林作业的目的之一。然而，森林也是陆地生态系统的主体，是由乔木、灌木、草本植物、苔藓以及多种微生物和动物组成的有机统一体。森林不仅提供各种林产品，还具有涵养水源、防止水土流失、调节气候、净化大气，保健、旅游等多种生态效益。森林生产的木材在有些方面可以用其他材料代替，如钢材、水泥、塑料等，而森林的多种生态效益不能由其他任何物质所代替。森林的生态效益只有在森林生态系统保持平衡而且具有很高的生产力的条件下才能充分发挥。因此，森林作业必须考虑对生态环境的影响，把对生态环境的影响控制在最低的限度。

(2)木材生产作业场地分散、偏远且经常转移

森林资源的特点是分散地生长在广阔的林地上，单位面积的生长量较少。以木材为例，如把1hm^2上生长着的300m^3木材均匀地散铺在林地地面上，其厚度仅有3cm。而像煤炭、矿石和石油等工业资源的单位面积上蕴藏量则比木材大几十倍至几百倍。正是由于这一特点，使得木材生产作业地点年年更换，经常移动，而且分散于茫茫林海中。木材生产不能像矿山和石油工业那样建立厂房，实行相对稳定的固定作业。因此，森林作业对作业设备、作业组织都有着更高的要求。

(3)木材生产受自然条件的约束影响大

木材生产作业均在露天条件下进行，受风、雨、温度和山形地势等自然条件的影响较大。我国北方林区冬季寒冷，最低温度可达零下50℃，积雪深厚。南方林区酷热、尤其是沿海林区，常受台风侵扰。这些都给森林作业造成不利影响。在作业点，局部复杂且险要的地形也增加了作业的难度。因此，森林作业具有很强的季节性、随机性。应本着“适天时、适地利、适基础”的原则，充分利用有利季节，适当安排各季节的作业比重。此外，森林作业机械不但应易于转移，而且应有对自然条件的高度适应性，如在高温、低温条件下正常工作的性能等。

(4)木材生产应保证森林资源的更新和可持续利用

森林资源是一种可更新的资源，只要经营得当完全可以做到持续利用。关键是在森

林作业中要保护林地土壤条件、森林小气候条件等，不破坏生物资源的更新条件。木材生产要根据不同的林相条件，确定合理采伐量、采伐方式、集材方式、迹地清理方式等。此外，还应充分利用木材生产的各种剩余物以及森林的多种资源，通过提高效益达到节约资源的目的。

(5)木材生产劳动条件恶劣，劳动防护和安全保护十分重要

对于任何一种作业来说，劳动力是关键因素。劳动力状况影响作业的效率、成本、安全和作业质量。由于森林作业的劳动条件恶劣，劳动防护和安全保护就显得更为重要。研究表明，劳动者的生理负荷和心理负荷与作业设备和作业环境有密切的关系。作业环境如温度、湿度、地势等直接影响森林作业人员的劳动负荷。作业设备的影响主要体现在振动、噪音以及有害气体对作业人员的影响上。

5.1.2　木材生产的基本原则

(1)以人为本

森林采伐是最具有危险性和劳动强度最大的作业之一。关键技术岗位应持证上岗，采伐作业过程中应尽量降低劳动强度，加强安全生产，防止或减少人身伤害事故，降低职业病发病率。

(2)生态优先

森林采伐应以保护生态环境为前提，协调好环境保护与森林开发之间的关系，尽量减少森林采伐对生物多样性、野生动植物生境、生态脆弱区、自然景观、森林流域水量与水质、林地土壤等生态环境的影响，保证森林生态系统多种效益的可持续性。

(3)注重效率

森林采伐作业设计与组织应尽量优化生产工序，加强监督管理和检查验收，以利于提高劳动生产率，降低生产作业成本，获取最佳经济收益。

(4)分类经营

采伐作业按商品林和生态公益林确定不同的采伐措施，严格控制在国家和行业有关法律、法规、标准规定的重点生态公益林中的各种森林采伐活动，限制对一般生态公益林的采伐。

(5)资源节约

在木材资源的采伐利用中应该坚持资源开发与节约并重，将资源节约放在首位，以提高森林资源的利用效率为核心。这不仅是因为木材资源稀缺，供需矛盾尖锐，而且因为森林具有重要的生态功能，即使是人工用材林也具有涵养水源、调节气候、固定二氧化碳、缓解温室效应的功能。

5.2　伐区木材生产工艺类型与特点

伐区木材生产指的是对已经成熟的林木，通过采伐、打枝、造材、集材、归楞、装车等作业，将立木变成符合国家标准的原木，并归类运输出伐区的作业过程。

5.2.1 伐区木材生产工艺类型

伐区木材生产工艺类型是以集材时木材的形态划分的，根据集材时木材的形态，可以划分为：原木集材工艺、原条集材工艺和伐倒木集材工艺(图 5-1)。各种工艺的作业程序如下：

①原木生产工艺——采伐、打枝、造材、原木集材、归楞、装车、清林。

②原条生产工艺——采伐、打枝、原条集材、归楞、装车、原条运材、清林。

③原条生产工艺——采伐、打枝、原条集材、造材、归楞、装车、原木运材、清林。

④伐倒木生产工艺——伐木、伐倒木集材、打枝、造材、装车或归楞、原木运材、清林。

⑤伐倒木生产工艺——伐木、伐倒木集材、装车、伐倒木运材、清林。

⑥伐倒木生产工艺——伐木、伐倒木集材、打枝、装车或归楞、原条运材、清林。

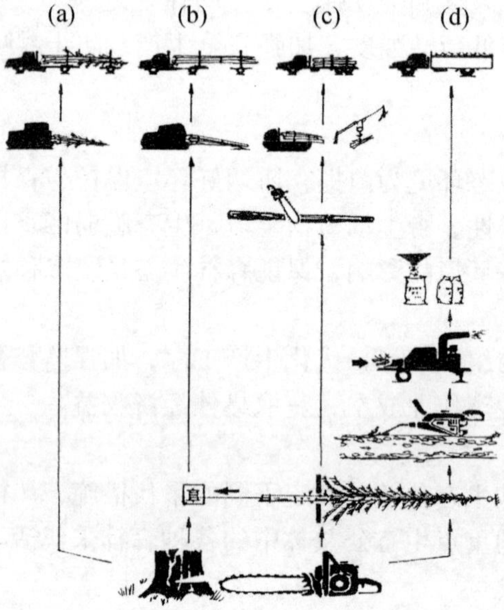

图 5-1 伐区木材生产工艺类型

(a)伐倒木集材 (b)原条集材 (c)原木集材 (d)木片生产

5.2.2 伐区木材生产工艺的特点

5.2.2.1 原木生产工艺

原木集材方式容易选择，通过性能好，集材时有利于保护保留木和幼树，集材成本低，有利于运材。但地形不好的情况下，影响造材质量。此外，劳动生产率低，适合于木材生产量少、森林资源零散分布的情况。

5.2.2.2　原条生产工艺

原条生产工艺，造材作业移出伐区，改善了作业环境，有利于造材质量的提高。但对环境的不利影响表现在：如为择伐或渐伐，对保留木影响较大。集材设备要求较大功率，由于原条较长，采用半拖式集材，对地表破坏较大。采用大功率的集材设备，集材道破坏严重，产生水土流失和土壤压实。

5.2.2.3　伐倒木生产工艺

伐倒木生产工艺能够提高木材利用率，并且节省了清林费用。但对保留木破坏较大，需大功率集材设备。此外，全树利用移走了林地的养分来源，不利于林地生产力的恢复。

南方林区人工林常用采伐工艺有 8 种模式，分别为：

①油锯采伐—手扶拖拉机集材—汽车运材。

②油锯采伐—手扶拖拉机集材—船运木材。

③油锯采伐—架空索道集材—农用车运材。

④油锯采伐—架空索道集材—汽车运材。

⑤油锯采伐—手板车集材—农用车运材。

⑥油锯采伐—手板车集材—排运木材。

⑦油锯采伐—土滑道集材—农用车运材。

⑧油锯采伐—人力担筒集材—农用车运材。

5.3　木材生产的准备作业与森林环境保护

伐区木材生产的准备作业主要包括：楞场和集材道的修建，生活点和物资的准备等。

5.3.1　林木采伐许可证

实行凭证采伐是世界各国科学经营利用森林的一项重要经验。只有采伐量不超过生长量，才能保证森林的可持续利用，并保证其生态功能的持续发挥。采伐证规定了采伐的面积和出材量，有效控制了采伐者超量采伐、超量消耗的行为，是保证森林资源持续利用的重要措施。

我国有关森林采伐许可证的法律规定包括：

①国家根据用材林的消耗量低于生长量的原则，严格控制森林年采伐量。国有的林木以国有林业企业事业单位为单位，集体和个人所有的以县为单位，制定采伐限额，汇总报国务院。

②年度木材生产计划，不得超过批准的采伐限额。

③成熟的用材林根据情况采取择伐、渐伐、皆伐。皆伐应严格控制，并在当年或第二年完成更新。

④防护林和特种用途林只进行抚育和更新性质的采伐。

⑤采伐林木必须申请采伐许可证，按许可证规定采伐。采伐许可证由县级以上林业主管部门批准。农村居民采伐自留山和个人承包集体的林木，由县级林业主管部门或委托的乡、镇人民政府颁发采伐许可证。

⑥审核部门不得超采伐限额发放采伐许可证。

⑦申请采伐许可证，必须提出采伐目的、地点、林种、林况、面积、蓄积、采伐方式和更新措施。

⑧采伐林木的单位和个人必须按采伐许可证规定的面积、株数、树种、期限完成更新造林，更新造林的面积和株数不得少于采伐面积和株数。

⑨有下列情况的，不得核发林木采伐许可证：

a. 防护林和特种用途林进行非抚育或更新性质的采伐。

b. 封山育林区。

c. 上年度采伐未完成更新造林任务的。

d. 上年发生重大滥伐案件、森林火灾、大面积病虫害未采取改进措施的。

⑩盗伐和滥伐林木承担法律责任。

⑪修建林区道路、集材道、楞场、生活点等所需采伐林木需单独办理采伐许可证。

林木采伐许可证的主要内容

林木采伐许可证的主要内容包括：①采伐林分起源；②林种；③树种；④权属；⑤采伐类型；⑥采伐方式；⑦采伐强度；⑧采伐面积；⑨采伐蓄积；⑩采伐量中，商品材、自用材、烧材的数量；⑪采伐期限；⑫更新期限；⑬更新树种；⑭更新面积；⑮发证机关、领证人等。

林木采伐许可证规定了采伐的范围地点，避免了采伐者采好留坏，采大留小，采近留远等短期行为的发生，有利于科学经营和合理利用森林资源，促进采伐迹地及时更新，做到越采越多，越采越好。

伐区设计质量是核发采伐许可证的重要条件，能促使采伐者加强伐区管理，提高伐区作业质量。

更新跟上采伐是申请采伐许可证的前提，这就从制度上促使采伐者，必须保质保量完成更新任务，使更新跟上采伐。

林木采伐许可证有利于保护和改善森林生态环境，充分发挥森林的多种效益。有利于保护森林、林木所有者和经营者的合法权益。

5.3.2 缓冲区设置

伐区内分布有小溪流、湿地、湖沼或伐区边界有自然保护区、人文保留地、野生动物栖息地、科研试验地等应设置缓冲区。此外，以下两种情况也应划出缓冲地带或保留斑块：一是伐区周边小班是空旷地，如无林地、农地、溪流等，应划出缓冲带，以免形成更大的空旷地或导致边缘林木稀疏化。二是伐区内存在着与社区居民相关的斑块，如风水地，坟墓等。

小型湿地、水库、湖泊周围的缓冲带宽度应大于50m；自然保护区、人文保留地、自然风景区、野生动物栖息地、科研试验地等周围缓冲带宽度应大于 30m；不同溪流的最小缓冲带宽度见表 5-1。

表 5-1　不同溪流等级的缓冲区设置要求

溪流河床宽度(m)	单侧缓冲带最小宽度(m)
>50	30
20~50	20
10~20	15
<10	8

注：溪流河床宽度是指河两岸植被区之间的距离。

河岸缓冲带的林木及其他植被的功能包括：为水体遮阴以缓冲水温变化，提供水生生态系统必需的枯枝落叶，对沉积物和其他污染物起过滤的作用，还具有减少水蚀的作用。一般说，坡度越陡，土壤流失可能性越大，河岸缓冲带就应越宽。

5.3.3　楞场修建与森林环境保护

楞场是伐区集材作业的终点，也是与木材运输的衔接点。楞场是集中放置木材、机械和装车运输的地方，往往会导致严重的土壤干扰、土壤压实和压出车辙。在这些裸露的地区，雨水径流和地表侵蚀会增加，这些过程会影响水质，其影响的程度取决于楞场的位置，径流中可能含有来自燃料和润滑剂的有毒物质。

楞场是木材生产中的临时设施，木材生产完毕后，要进行封闭和植被恢复。

为了保护森林环境，楞场选设与修建应符合以下要求：

①计划林道网前先确定楞场的位置。

②将作业中所需的楞场的数量降到最少。

③将楞场设在山坡上部，向上集材，形成圆锥形的集材道格局。

④如果必须向下坡集材，应使用小的原木楞场。

⑤楞场距离禁伐区和缓冲区至少 40m，要能有效减少集材作业对环境敏感目标的影响。

⑥楞场位置应适中，符合集材方式与流向，保证集材距离最短和经济上最合理。

⑦楞场应地势平坦、干燥、有足够的使用面积、土质坚实、排水良好。

⑧楞场应便于各种简易装卸机械的安装。

⑨应避免通过楞场将雨水径流聚集到林道、索道、或直接通往水体的小路。

⑩楞场位置应在伐区作业设计(采伐计划)图上标明，符合条件者方能建设。

⑪楞场大小取决于木材暂存量、暂存时间和楞堆高度，应尽量缩小楞场面积，减少对生产区林地的破坏，保护森林环境。

⑫楞场修建应尽量少动用土石方、尽量避开幼树群、保持良好的排水功能、留出安全距离。

5.3.4　集材道修建与森林环境保护

集材道路选设与修建应考虑以下因素：

①宜上坡集材。

②集材道路应远离河道、陡峭和不稳定地区。

③集材道路应避开禁伐区和缓冲区。

④集材道路应简易、低价、宜恢复林地。

⑤不应在山坡上修建造成水土流失的滑道。

⑥集材距离要短，应尽量减少集材道所占林地的面积、减少土壤破坏、减少水土流失。

⑦集材道宽应小于5m，这样能够保证占用更少的林地，减少对土壤的破坏。

⑧集材道路修建的时间应符合：采伐开始前修建集材主道，采伐时修建集材支道，避免集材道路提前修建造成的土壤环境破坏。此外，冬季前和雨季后修建集材道路，能减少修建时产生的水土流失。

⑨在斜坡上周期性的设置间隔以帮助分散地表径流。

⑩如在永久性的措施实施前，有可能发生大的侵蚀作用，应采用临时措施，如采伐剩余物覆盖等。

⑪不应随意改设集材道。

⑫集材道路修建应尽量减少破坏林区的溪流、湿地，保护林区的生态环境。

⑬应避免在大于40%的坡度上修建集材道。

⑭应将集材道与河流的交叉点减到最少，修建集材道应避免阻断河流的水流。

⑮清除主道伐根，支道伐根应与地面平齐。

5.3.5　其他准备

(1)生活点

①生活点位置应选择在平坦、开阔，靠近水源且排水良好，不易受洪水威胁的地段。

②生活点规模应充分考虑作业人员的数量，尽量为作业人员提供舒适、卫生的居住条件和防火设备。

③生活点设计应规划出居住、活动场地。做好排水、供水、供电、电视接收等设施。生活点应有废弃物贮存和处理的设施。

(2)物资准备

①创造必要的交通、通讯条件。

②应准备好足够的不易腐坏的多种食品，尽量满足高强度体力劳动所需的营养。

③应配备足够的日常生活用品。

④应尽量配备休闲、娱乐物品。

⑤配备足够的常用急救药品和用品，以备作业人员发生事故或患有疾病时得以及时处置。

⑥配备足够的生产所需的物资，如易损坏的机械零件、绳索、燃料等，保证作业人员使用的工具配件、机械始终处于良好、安全的状态。

(3)设备准备

①应准备状态良好的采伐作业工(机)具和辅助工具。

②应为作业人员提供必要的安全保护设备。

③应配备有效的通讯设备和交通工具。

④生活点或作业点以及所使用的机械都应配备相应的防火设备。

5.4　林木采伐与森林环境保护

林木采伐对森林环境的影响主要是损伤保留木，这也是伐木中需要注意和控制的主要问题。林木采伐需要经过以下几个程序：

5.4.1　伐前公示

为了减少木材生产对社会环境的影响，应建立伐前公示制度，明确公示的形式、内容、期限等。大面积采伐应在当地广播电视、报刊等新闻媒体上发布公告，进行公示。采伐森林、林木的单位(个人)还应在伐区及其附近的交通要道设立公示牌，对林业主管部门核发的林木采伐许可证进行公示。

伐前公示有利于采伐活动公开化，并在公众的监督之下，防止乱砍滥伐行为的发生，保护森林环境。

5.4.2　边界与采伐木标志

采伐前，应找到伐区设计时的标桩和伐开线，确认伐区边界。核对采伐木、保留木标志(挂号)情况。以利于有效防止越界采伐，有利于森林资源的合理利用及开发管理。

5.4.3　确定伐木顺序

合理的伐木顺序应有利于集材作业，有利于保护保留木，有利于作业安全，有利于防止木材的砸伤和垫伤。

在伐木开始前，应首先确定伐木顺序，即伐木作业从哪一地段开始，如何推进。在一群树木中，考虑好每株树木先后采伐的顺序。从作业范围来看，一般应当从装车场这一边开始，向远处采伐。对于一个采伐号，第一采集材道上的树木，第二采集材道两侧的树木，第三采“丁字树”。因为集材道上的树木采光了之后，位于集材道两侧的被伐木就可以根据集材道的位置和走向确定树倒方向。在采伐集材道两侧的树木的同时，在集材道两旁，每隔十几米选留生长健壮的被伐木作为“丁字树”，用来控制集材道的宽度不再扩大，尤其是在集材道转弯之处。

在伐木过程中，每棵树的先后采伐顺序，要根据树木的生长状态和树木之间相互影响的情况来决定。一般来说，树木在前面的先伐，在后面的后伐。如大树小树相间，或好树病腐树并存时，为了防止先伐大树砸伤小树，或先采好树砸伤病腐树，则应当先采小树、后采大树，先采病腐树、后采健壮树。

在伐区里由于树木茂密，常常遇到一棵树被伐倒后没能落到地面，而是搭在另一棵树上。树木搭挂后给摘挂带来了困难，对安全工作也很不利。因此，伐木时应首先伐倒引起树木搭挂的那棵“迎门树”。

当遇到个别树木倾斜方向同周围其他树的倾斜方向相反，而且又没有办法使它按照大部分树木的倾向伐倒时，应该以这棵树为中心，以它的树高为半径，首先伐倒这个距离范围内的树木，最后再伐倒这棵倒向相反的树木，以免伐倒后，树冠倒在其他树木的底下，给继续采伐造成困难。

5.4.4 树倒方向的确定

正确选择和掌握树倒方向是伐木作业中的重要问题，它不但对提高劳动生产率、保证安全生产、防止木材损失等有重要意义。而且对后续生产工序，如打枝和集材也有很大的影响。树倒的方向应由下列标准予以决定：

①集材方向。如果树以某个角度倒向集材道，采伐木较容易被集材，集材中对保留木的破坏性也较小。

②对采伐木和残留林分的最小破坏。在有条件的地方，树木在采伐后应倒在树冠之间或集材道上。树倒的方向应该避免碰到保留木及幼树。

③保护母树。一些好的目的树种应予以保留，为目的树种提供种子。这些树木应作上标记，以帮助伐木工识别，并强调这些树木不得破坏。

④陡坡。在采伐时，应避免非常陡峭的山坡。当在山坡上进行采伐时，如有可能，采伐木应横穿山坡，以防止其折断，并最大限度地防止其滚下山坡。

⑤伐木工的安全。树倒的方向通常应给伐木工留以安全的避险通道。

一般树倒方向决定于集材方式，同时还要避免砸伤其他树木和摔伤树干。使用拖拉机、畜力和架空索道集材时，要求集材道上的树木沿着集材道方向倒下。集材道两侧的树木，要求和集材道成30°~40°角按人字形（小头朝前）或八字形（大头朝前）倒向集材道，这样可以减少绞集或装载的障碍（图5-1）。用绞盘机集材时，要求所有伐倒木倒向集材杆，以免集材时横向牵引。

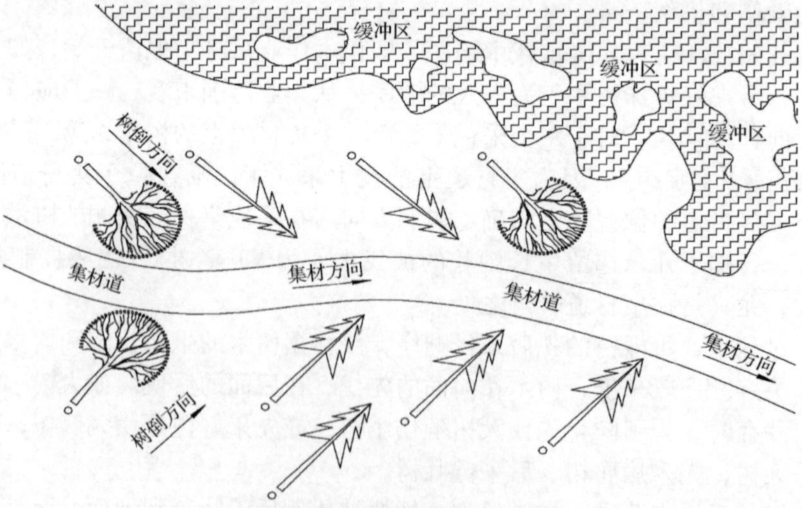

图 5-1 采伐树木倒向图

5.4.5　油锯伐木作业

油锯伐木是应用最广泛的伐木方式，特别是在山地林区作业具有其独特的优点。为更好掌握油锯的使用，首先要理解油锯的构造和工作原理。

5.4.5.1　油锯的构造和工作原理

油锯是一种以汽油机为动力的手提式链锯。油锯是20世纪初在德国首先研制出来的。当时为双人锯，质量大，使用不便。20世纪50年代前后出现了单人油锯，从此油锯的使用逐步推广，并成为伐木机械化的主要工具。全世界每年的油锯产量多达几百万台，除木材生产外，也是园林、家具等行业的常用工具。

在山地林区，油锯在木材生产中占据主导地位，其体积小、质量小、转移方便、对地形适应能力强、作业效率高。油锯具有对地形、生产工艺组织和森林资源特征的高度适应能力。在山地林区，油锯不仅是采伐作业的主要工具，也是打枝、造材的主要工具。

油锯按把手位置分为高把油锯和矮把油锯两类。高把油锯适合于地形坡度不大的地区，操作省力，防振、减噪，但不利于打枝、造材(图5-2)。高把油锯设有减速器。矮把油锯适合于采伐、打枝、造材，适用范围广，在山地林区作业轻便、紧凑(图5-3)。但在平坦地形比较吃力。矮把油锯采用直接传动，简化了结构，提高了锯切速度。

油锯主要由发动机、传动机构和锯木机构三大部分组成。

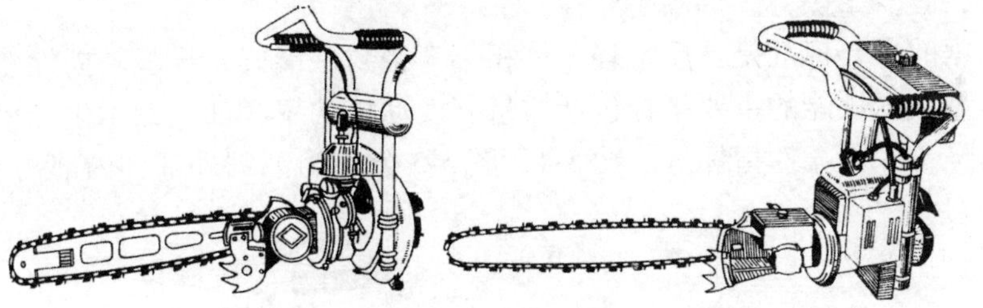

图5-2　高把油锯

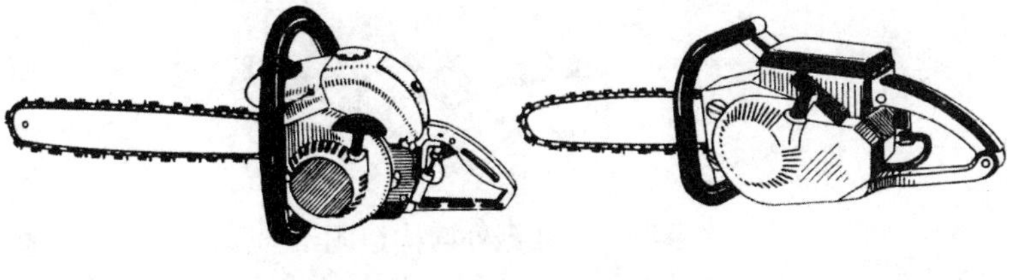

图5-3　矮把油锯

(1)油锯的动力机构

油锯的动力机构大多采用单缸二冲程往复活塞式汽油机。为了使油锯整机质量小、结构紧凑，这类发动机要求能发挥尽量大的功率。因此，采用增大转速的办法使发动机“强化”。为了减轻质量，需要简化结构，采用新材料和新工艺制造，如配气系统、冷却系统和润滑机构都是采用简化结构。

(2)油锯的传动机构

油锯的传动机构分为直接传动和带减速器的传动。直接传动的油锯，发动机发出的动力由曲轴直接传给离合器、驱动轮。此时，驱动轮的转速即为曲轴转速，曲轴的扭矩即为驱动轮的扭矩。这类油锯多为短把锯。带减速器的油锯，发动机的动力首先传给离合器，再经过一级减速器传给驱动轮。发动机的转速经减速器降低，增大了输出扭矩、同时改变了动力的传递方向。这类油锯一般为高把锯。

油锯传动机构主要由离合器、减速器、驱动轮组成。油锯离合器的功用是接通或断开动力的传递，以及防止发动机超载。油锯离合器一般采用自动离心式摩擦离合器。这种离合器不但结构简单，而且操作方便。离合器靠转速的大小结合或分离，转速高时自动接合，转速低时自动分离。油锯的减速器由一对锥形齿轮组成，装在一个专门的减速器壳内，齿轮和轴作为一体，被动齿轮轴的伸出部分就是驱动链轮的轴。驱动链轮是驱动锯链运动的部件，把发动机输出的旋转运动变成锯链的直线运动。油锯上常用的链轮有星形链轮及齿形链轮两类。

(3)锯木机构

油锯锯木机构由导板及其固定张紧装置、锯链及导向缓冲装置组成。锯链是一个由不同形状、不同功能的构件组成的封闭链环。它的切削齿可以切割木材，而传动齿可以传递动力。导板是锯链运动的轨道，同时在锯切时还要起支撑作用，要求一定的强度和耐磨性。目前油锯导板都是悬臂式，带导向缓冲装置的导板，可以减少锯链的振动对导板头的冲击，减少摩擦力，提高耐磨性。

选择油锯的主要标准是：质量轻、体积小，密封性能好，导板转向性能好，噪音和振动小。衡量油锯性能的主要指标包括质量、发动机功率和油锯锯木生产率、油锯经济性、振动及噪音、可靠性指标等。图5-4、图5-5分别为油锯外部和内部构造。

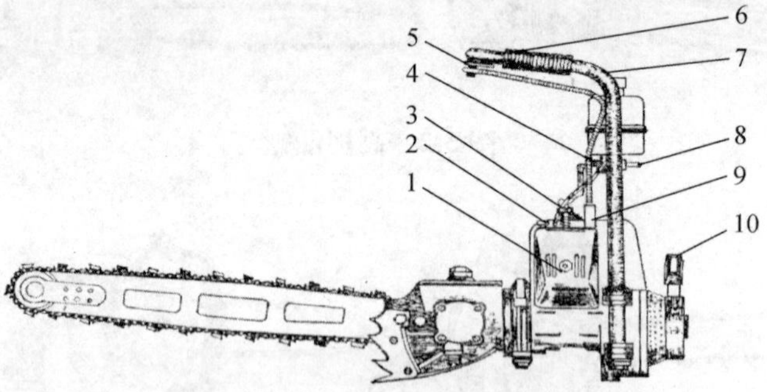

图5-4 油锯外部构造图

1. 空气滤清盒 2. 阻风门阀杆 3. 加浓按钮 4. 点火线圈 5. 油门扳机
6. 手把 7. 锯架 8. 停火开关 9. 油门拉线 10. 起动手把

5.4.5.2 油锯伐木作业注意事项

油锯伐木时，应注意以下问题：

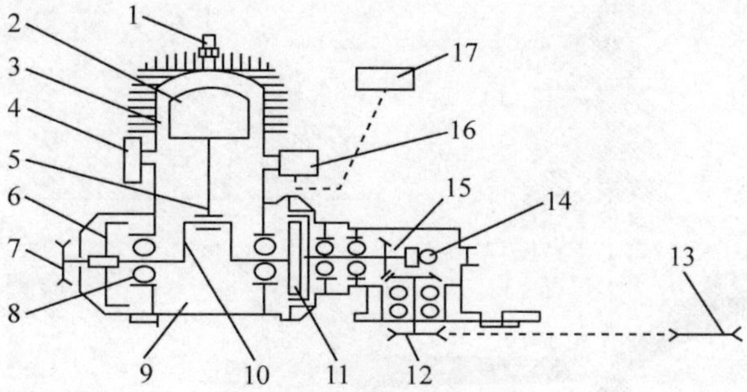

图5-5 油锯内部构造图

1. 火花塞 2. 活塞 3. 气缸 4. 消声器 5. 连杆 6. 飞轮 7. 启动器 8. 主轴承 9. 曲轴箱 10. 曲轴 11. 离合器 12. 链轮 13. 导轮 14. 机油泵 15. 减速箱 16. 化油器 17. 燃油箱

(1)降低伐根

降低伐根是充分利用森林资源、节约木材的重要措施之一。树木根部一般材质较好，利用价值较大。降低伐根还能保证作业安全，因为树倒下时，树干脱离伐根后，滑到地面的距离越低，就越不容易发生跳动和打摆现象。另外，降低伐根对集材作业还能减少阻碍，从而提高集材效率。

(2)减少木材损伤率

在采伐作业中，尽量减少木材损伤率，是保证原木质量，提高木材出材率的重要措施。伐木过程中，必须保证伐倒木的干材完整，避免摔伤、砸伤、劈裂、抽心等现象发生，最大限度地降低木材损伤率。

木材资源的节约利用能够减少森林资源的消耗，保证森林资源发挥更大的生态和经济效益。

(3)保护母树、幼树和林墙

伐区内的母树是森林天然更新种子的主要来源，因此，在有母树的伐区必须保留好母树。幼树是森林资源持续利用的基础，而且天然更新的幼树往往成活率较高，在采伐作业中应保护好伐前更新的幼树。

在非皆伐作业中，砍伐的树在倒下时会损伤和折断其他树。树藤将树冠缠在一起，能将其他树拉倒。

(4)保证安全生产

采伐作业是在山场露天条件下进行的。由于树干体大笨重，采伐和运输都不方便，加之劳动条件较差，这就要求采伐作业必须坚持安全生产的原则。安全生产的措施主要包括：

①伐除“迎门树”。

②清除被伐木周围1~2m以内的藤条、灌木和攀缘植物等障碍物，冬季作业还应清除或踩实积雪。

③开安全通道，在树倒方向的反向左右两侧(或一侧)，按一定角度(30°~45°)开出长不小于3m，宽不小于1m的安全道，并清除安全通道上障碍物(图5-6)。

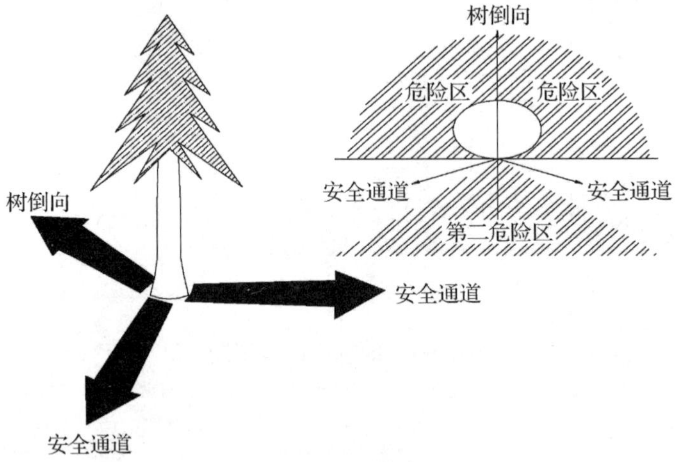

图 5-6 伐木安全通道示意

5.4.5.3 油锯伐木作业过程

伐木时应先锯下口，后锯上口。下口应抽片，上口应留弦挂耳。

下口位于树倒方向一侧，下口的深度应为树木根部直径的 1/4～1/3。倾斜树、枯立木、病腐树和根径超过 22cm 的树木，下口的深度应为树木根径的 1/3。下口开口高度为其深度的 1/2。抽片或砍口应达到下口尽头处。伐根径 30cm 以下的树，宜开三角形下口，其角度为 30°～45°，深度为根径的 1/4。

上口与下口的上锯口应在同一水平面上，留弦厚度随树木径级大小而增减，以树木能够倒地为限，但留弦厚度不应小于直径的 10%（图 5-7）。

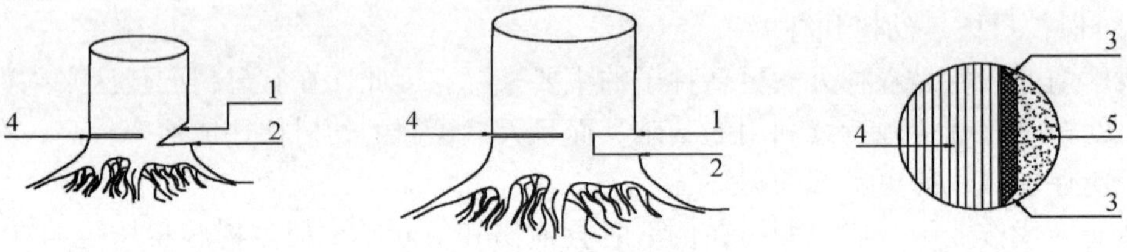

图 5-7 采伐示意

1. 上口切面 2. 下口切面 3. 侧切（挂耳） 4. 伐木上锯口 5. 留弦

树木倒向的控制：采伐木倒向的控制首先要考虑如何保护保留木，其次要考虑树木形态。树干通直树冠均匀的树木的倒向，可以通过上、下口位置控制。对于树干倾斜、偏冠、树干弯曲的采伐木在不影响保留木的情况下，采取近自然倒向。

人为对树木倒向的控制措施包括：留弦借向，利用不同厚度和形状的留弦控制；加楔，在上口加楔，加金属楔或木楔；绳索牵引等，实际中往往多种方法并用（图 5-8）。

5.4.6 伐木机伐木

20 世纪 60 年代，部分森林工业发达国家研制并应用了采伐联合作业机械。经过不断

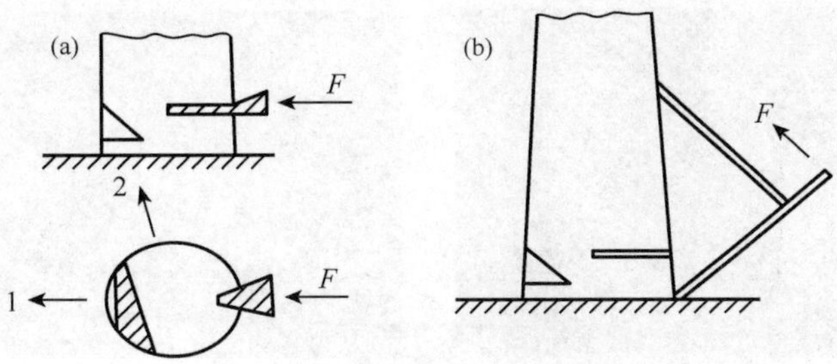

图 5-8　利用外力控制树木的倒向

(a) 打入伐木楔　(b) 支推杆

1. 预定倒向　2. 自然倒向

改进，到 20 世纪 80 年代，在一些发达国家，采伐联合作业机械已经成为森林采伐作业的主流设备。这种机械能完成采伐作业中的 2 道或 2 道以上工序，因地域不同而各异(图 5-9)。

北欧的采伐联合作业机械完成的工序包括伐木、打枝、造材、归堆，称为伐区收获机。北美的典型采伐联合机械完成的工序则包括伐木、打枝、归堆，通称为伐木归堆机。

图 5-9　伐木机伐木

伐区作业条件恶劣，随机因素多，因此，伐区作业机械比常规机械要求高得多。伐区联合作业机械代表了木材生产作业机械的先进水平，也代表一个国家森林工业的整体水平。

5.5　打枝与剥皮作业

5.5.1　打枝作业

打枝作业的目的是为了便于集材、造材、归楞、装车和运输。

打枝作业应从基部到树梢，将伐倒木的全部枝丫从根部开始向梢头依次打枝至 6cm

图 5-10　油锯打枝作业

图 5-11　打枝机打枝作业

处(图 5-10、图 5-11)。

全部枝丫紧贴树干表面，不得打劈，不得深陷，凸起。

原条、原木集材时,在去掉梢头 30~40cm 处留 1~2cm 高,1~2 个枝丫楂,便于捆木。

为保证作业安全，打枝人员和清林人员作业时，应保持 5m 的距离。

从环境保护的角度考虑，打枝作业可以减少在拖曳式集材中对林地的破坏。

5.5.2　剥皮作业

剥皮是为了木材保存和以后加工利用的需要。在一些森林采伐作业中，需要对原条或原木进行剥皮作业。目前，我国采伐作业中的剥皮比例不大，基本上是手工作业。机械化剥皮刚刚开始，已出现几种剥皮机。

按照剥皮的时间，分采伐前剥皮和采伐后剥皮。我国杉木林采伐，有时在采伐当年夏天进行立木剥皮，加速木材干燥，以便秋冬季采伐。其他林区和树种，多在采伐后剥皮。

按使用的动力不同，分人力剥皮和机械剥皮。人力剥皮多使用剥皮铲或剥皮刀(图 5-12)。机械剥皮有切刀剥皮、摩擦剥皮及混合式剥皮 3 种(图 5-13)。切刀剥皮是利用锐利的切刀把树干表面的树皮剥离。多是让树干从刀头中间通过，进行剥皮，剥皮时往往带下一些木质。摩擦剥皮机多为滚筒式，把木材装进滚筒内，滚筒不断旋转，利用木材与木材相互摩擦以及木材同滚筒壁相互摩擦，让树皮自动脱落。这种剥皮机生产效率高，但要消耗大量动力，并要消耗大量的水。混合式剥皮是把切削和摩擦这 2 种剥皮方法结合起来。在滚筒内部焊有切刀，当滚筒转动时，木材在滚筒内翻转、撞击，摩擦及受到切刀切削，从而剥下树皮。

图 5-12　人力剥皮作业

图 5-13　剥皮机剥皮作业

5.6 集材作业与森林环境保护

集材作业是木材生产中，将木材从采伐地点运送到装车场或楞场的作业。由于作业对象及地形的限制，集材作业的成本在木材生产的总成本中所占比例较大，而且集材作业还涉及森林生态环境的保护，因此，是木材生产中的重要环节。

5.6.1 集材方式的分类

集材作业的方式可从不同的角度进行分类，主要包括以下类型：

(1)按搬运的木材形态分类

按搬运的木材形态分，集材方式分为原木集材、原条集材、伐倒木集材。一般情况下，原木集材用得较多。

(2)按归集木材的运动状态分类

按归集木材的运动状态分，集材方式分为全拖式、半悬式、全悬式(全载式)，半悬式用得最多。

(3)按集材的力源分类

①动力集材　包括拖拉机集材、索道集材、直升机集材、飞艇集材、绞盘机集等。

②重力集材　包括土滑道、木滑道、竹滑道、塑料滑道、冰雪滑道集材等。

③人力集材　包括吊卯、人力小集中、人力串坡和板车集材等。

④畜力集材　包括各类挽畜，如牛、马、大象集材等。

联合国粮农组织将集材分为地曳式集材；缆索集运系统；空中集运系统；挽畜集材、其他集运系统(包括人工集运、滑槽、绞盘卡车、水系集运等)。

亚太林业委员会将集材分为履带拖拉机集材、集材机集材、挽畜与人力集材、索道集材、直升机集材等。

5.6.2 集材作业的目标

(1)联合国粮农组织(FAO)推荐的集材目标

FAO 规定的集材作业目标包括了生产效率和成本、环境保护、安全生产、产品质量等，主要包括以下几点：

①优化集运生产率，低成本、高效率。

②尽量减少集运作业造成的土壤板结和翻动。

③尽量减少对残留林木和树苗的破坏。

④尽量减少对砍伐单元内及周围江河的破坏。

⑤将所有原木运到集材场而不造成损失和质量退化。

⑥确保集运及周围人员的安全。

(2)亚太林业委员会推荐的集材目标

亚太林业委员会将集材作业的目标概括为。

①使用接地压力小的设备以免压实土壤。

②尽量减少对保留木、更新区、河道和缓冲带的破坏。

③执行必要的安全标准。

以上两个规程中对集材作业的环境影响，作了如下的限定：

①尽量减少集运作业造成的土壤板结和翻动。

②尽量减少对保留林木和树苗的破坏。

③尽量减少对砍伐单元内及周围江河的破坏。

④使用接地压力小的设备以免压实土壤。

⑤尽量减少对更新区、河道和缓冲带的破坏。

5.6.3 集材作业方式

5.6.3.1 拖拉机集材

拖拉机集材是当今世界上采用最广泛的一种集材方式。这种集材方式具有机动灵活、转移方便、生产效率高等特点，因而受到普遍欢迎。目前拖拉机集材主要应用在地势比较平缓，单位面积木材蓄积量大的平原林区或丘陵山地林区。在自然坡度不超过25°，每公顷出材量较大的皆伐伐区或择伐强度较大的伐区，较适宜采用拖拉机集材。

1947年，苏联生产了第一批集材专用的新型履带拖拉机KT-12，并正式命名为集材拖拉机(图5-14)。20世纪50年代，美国、加拿大等国开始研制轮式集材拖拉机(图5-15)。60年代初，第一批四轮驱动、折腰转向的轮式集材拖拉机在美国林区开始使用。目前美国、加拿大、俄罗斯、瑞典、芬兰等国生产了上百种各型号的集材拖拉机，其功率从25~250kW不等(图5-16)。

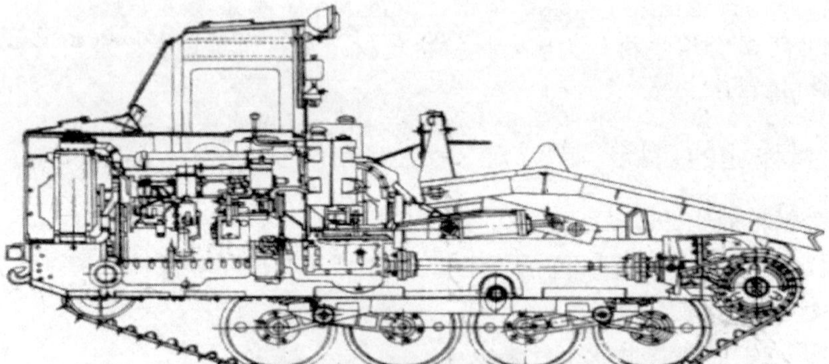

图5-14 履带式集材拖拉机

中国于1950年开始引进原苏联的集材拖拉机；1963年，松江拖拉机厂开始成批生产集材J-50型履带拖拉机，以后又陆续生产了集材J-80型轮式拖拉机。

履带拖拉机行驶速度慢，约为10.5km/h，但附着力比轮式拖拉机大1.5倍，能爬较大坡度，在雪地、泥泞、地面承载力低时通过性能较好。

轮式拖拉机全轮驱动，并采用大型低压轮胎、摆架式或滚架式驱动桥，速度约为

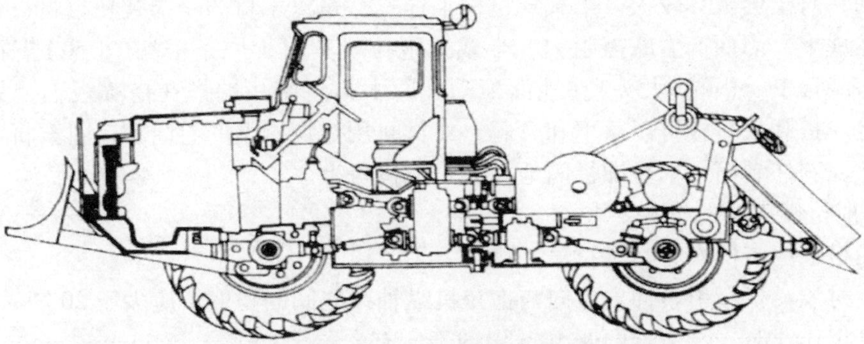

图 5-15　轮式集材拖拉机

图 5-16　小型轮式集材拖拉机

28. 7km/h，转弯半径小，机动灵活。

由于木材生产量的减少，以及出于森林环境保护方面的原因，目前拖拉机向小型化发展。

(1)拖拉机集材的特点和类型

拖拉机集材效率高、成本低、机动灵活，可以到达伐区的多数地方。与索道、绞盘机相比，不需要设置辅助设备，转移方便，投产迅速。可以集原木、原条和伐倒木，还可以集枝丫材。但受坡度和土壤承载能力的限制，一般只适于坡度小于 25°，同时土壤承载能力大于拖拉机接地压力的伐区。此外，拖拉机与木材一起运动，自身移动需要消耗一定的功率。

按集材设备。拖拉机集材可分为索式、抓钩式和承载夹式。索式集材拖拉机的集材设备由绞盘机、搭载板或吊架及集材索组成，集材时需要人工捆木。我国的 J-50 拖拉机和 J-80 拖拉机都是索式集材。抓钩式集材设备抓取木材的抓钩只能在一个方向上伸出，而承载夹式抓取木材的夹钩不仅可以伸出，还能在一定范围内回转。

按承载方式，拖拉机集材可分为全载式、半载式和全拖式。全载式是木材全部装在集材设备上，集材时只有集材机械(包括载重)的阻力。全拖式是木材全部在地面上由机械拖动，对土壤破坏较大。半载式也称半拖式，是将木材的一端装在集材设备上，另一端拖在地上，因而产生摩擦阻力。半载式拖拉机集材，原条梢端(小头)搭在拖拉机后部的搭载板上，根端(大头)在地面拖动。原木集材则一端搭在搭载板上，另一端在地面拖曳。搭载板直接可以落下和升起，集材时用拖拉机上的卷筒和牵引索将木材拖到搭载板上，刹住卷筒，木材即稳固地搭载于拖拉机上。

(2)拖拉机集材的技术要求

①集材顺序应依次为：集材道、伐区、丁字树。

②集材绞盘机牵引索伸出方向与拖拉机纵轴线之间的角度不应大于20°。

③绞集作业时，牵引索两侧10m以内不应有人。

④沿陡坡向下绞集时，应尽可能使拖拉机避开原条容易窜动的方向。

⑤集材道的路面应平整，不应有倒木、乱石等障碍物，不应超坡集材。

⑥在北方冬季作业时，对集材道主道坡度在15°以上的地段应采取撒砂等防滑措施，轮式拖拉机应装防滑链。

⑦拖拉机集材时不应下道，而应单根绞集。

⑧拖拉机载量应适当。

⑨拖拉机应尽可能沿集材道，倒退着驶向原木。

⑩集材作业应离开河流缓冲区。

(3)拖拉机集材对森林环境的影响及保护措施

●拖拉机集材对环境的破坏主要表现在3个方面

①压实土壤和使土壤表层破裂引起水土流失。压实的土壤会使土壤的透水性能下降，极易引起水土流失，进而使土壤肥力下降，影响森林更新。表层破裂的土壤失去植被保护，也容易引起水土流失。压实的土壤影响树木种子与土壤的结合，并且植物根系在压实土壤的厌氧环境里无法良好生长，林木的更新生长会受到影响。

②影响河流水质。集材作业中产生的水土流失还会使附近的小溪、河流的泥沙含量增加，影响水质，影响水生生物的栖息环境。

③损害幼树和保留木。拖拉机集材作业时，作业方式不当还会折断树干、剐蹭掉成熟林木的树皮以及压倒较小的幼树和幼苗。

●减轻拖拉机集材对环境影响的防治对策

①尽量缩短集材道的面积。通过限制集材道的宽度，集材道的长度，减少占用林地面积。集材道的宽度不能超过5m。

②将采伐剩余物铺设在集材道上，减少集材拖拉机对林地的破坏。

③利用有利季节作业。例如，北方冬季作业，南方避开雨季，减轻集材过程中对土壤的破坏程度。

④采用正确的作业方法，如拖拉机不下道，单根绞集等，可以减少集材作业对保留木和幼树的破坏。

⑤集材拖拉机的发展方向是小型化和轻量化。应该符合结构简单、外形尺寸小、移动灵活、对林地土壤和保留木的影响小(图5-17)。

⑥采用集材拖车。集材拖车是在拖拉机的牵引下进行集材，是目前国外常用的集材

图5-17 小型履带式集材拖拉机

方式，符合生态集材的要求，对林区的幼苗、保留木的破坏小，对土壤的影响也较小。与国外相比，国内对集材拖车的研究比较少，目前使用的集材拖车大部分从国外引进。主要由车架、底盘、杆架以及牵引部件等部分组成。在拖拉机的牵引下，拖车集材效率高，通过性能好，对植被和土壤破坏小(图5-18)。

图5-18 集材拖车

集材拖车，一般采用双排轮胎，牵引部件采用铰接连接形式，方便拖车的转弯，跟随，此外，牵引部件为拖车和拖拉机之间提供了足够的长度，在牵引部件和拖拉机的连接处设有自锁装置，可以根据使用情况，转弯时自动解锁，在集材作业过程中，保证紧固连接拖拉机，保证跟随性。

⑦减小集材道的坡度级到最低。

5.6.3.2 索道集材

用架空起来的钢索集运木材的设备，称为集材架空索道，简称索道(图5-19)。

我国幅员辽阔，从东北到西南，森林资源大多数分布在山区。而且，这些地方交通不便，特别是南方各林区，山高坡陡，沟谷纵横，地形复杂，要修建足够的集材道路，是十分困难的。即使修建简易的林区便道，花费人力物力也相当大。为了充分开发森林资源，采用索道集材比较经济和必要。

索道集材是解决复杂地形条件下，木材集运的一种较好方式。索道对地形适应性强，对高山陡坡、山涧溪流等地形复杂地区不需要营建道路，通过两个控制点直接架设将两点距离缩到最短，而且索道可以根据需要安装和拆卸(图5-20)。

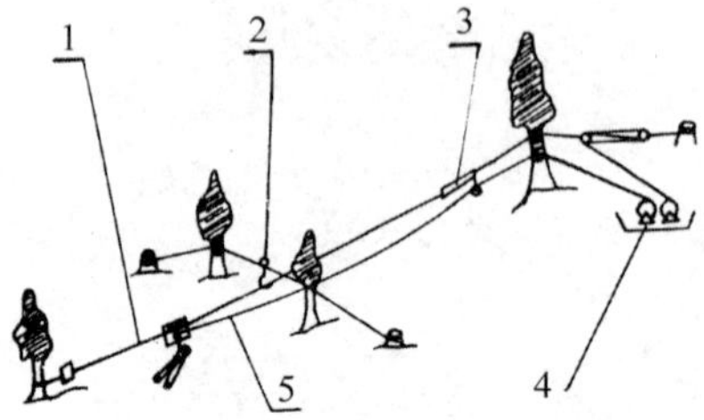

图5-19　KJ$_3$架空索道

1. 承载索　2. 直线鞍座　3. 集材止动器　4. 绞盘机　5. 牵引索

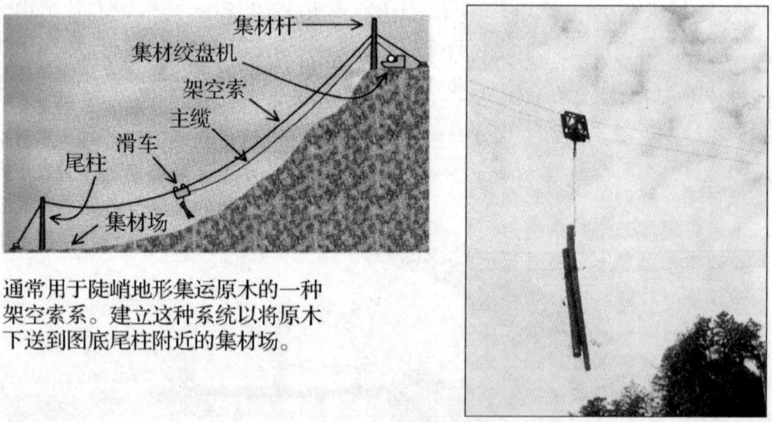

通常用于陡峭地形集运原木的一种架空索系。建立这种系统以将原木下送到图底尾柱附近的集材场。

图5-20　集材架空索道结构图

(1)索道集材的特点

●索道集材的优点

①对地形地势的适应性强。不管是在高山陡坡，或在深沟狭谷，还是跨越塘涧溪河等地，均可架设索道。

②很少破坏地表，有利于水土保持和森林更新。

③不但可以顺坡集材，也可以大坡度逆坡集材。

④能够减少林道修建对林地的占用和破坏。

⑤集材作业受气候季节的影响小。

⑥集材作业中，可充分利用森林资源，梢头、枝丫均可以通过索道运出伐区加以利用，集运中也不损失木材。

●索道集材的缺点

①安装、拆转费工时。

②集材时机动性差，不如拖拉机灵活。

③集材的宽度受限，横向的拖集距离有限。

④全悬空集材时有利于水土保持，半悬空集材时索道下方会有一定的水土流失。

⑤索道集材距离有限，集材距离受卷筒容绳量的限制。

(2)索道的组成

索道主要由下列部件组成：

①钢索　根据作用不同，分为承载索、牵引索、回空索。

②跑车　用以悬挂木材，并在钢索上滑行。根据结构不同，可分为增力式跑车、半自动跑车、全自动跑车、遥控跑车等。

③绞盘机　绞盘机是索道的动力机构，负责牵引悬挂木材的跑车及跑车的回空。

④集材杆和尾柱　用以支撑承载索和跑车。

⑤廊道　廊道是为悬挂木材的跑车通过而伐开的林地通道。

(3)索道的类型及技术参数

①重力索道　跨度一般以100~300m为宜，最大不超过500m，一次集材不超过0.25m^3。

②动力索道　动力索道跨度以300m为宜，最大不超过500m。运载能力根据承载索直径决定，当跨度小于300m时，每趟载量为0.5~0.8m^3。

③人力索道　人拉区段跨度以30m为宜，控制区段300m为宜。运载量与钢索直径有关，通常钢索直径17mm时为600kg。

(4)索道作业的技术要求

①索道线路应尽可能通过木材集中的地方，以减少横向拖集距离，提高作业效率。

②索道中间支架的位置应考虑使索道纵坡均匀，避免出现凹陷型侧面。

③安装时承载索张力应得当，选用强度合格的钢索。集材作业时应不开快车，不超载，不急刹车。

④索道卸材场地应考虑方便下阶段运输，如拖拉机接运或汽车运输等。

⑤索道安装完毕之后，应先试运行，经验收合格之后，方可正式使用。

⑥索道锚桩应牢固、安全。

(5)索道作业与森林环境保护

索道集材是一种空中集材方式，能有效保护林地土壤。半悬式索道集材时对林地会有一些破坏，但每架设一次集材量有限，木材与地面的接触次数少，因而产生的土壤破坏和水土流失少，特别是对于降雨量少的地区和季节，索道对林地破坏的程度是有限的。

5.6.3.3　人力、畜力集材

人力、畜力集材历史悠久，尽管劳动强度大且生产效率低下，但在目前森林资源分散、单位面积出材量和单株材积小，且日渐重视森林生态环境保护的情况下，依然有其价值。

(1)人力集材

①人力集材分类及特点　人力集材一般都与其他集材方式相配合，有吊卯、人力小集中、人力串坡和板车集材等方式。

a. 吊卯。在畜力集材时，人力将原木进行归堆的作业叫吊卯。每堆原木的前端要用一根所谓卯木垫起，每堆原木的数量要与畜力集材每次载量的整数倍相符。

b. 人力小集中。为提高集材效率，在集材前将分散的木材集中成小堆的作业叫小集中，也称归堆。用人抬或肩扛的方式进行小集中作业，叫人力小集中。

c. 人力串坡。人借用地势将木材从坡上串放到坡下的作业，叫人力串坡。串坡不设固定的串坡道。通常用于畜力和机械难以作业的伐区，有的从山上串到山下，有的从山上串到山中腰平缓地带，然后再用畜力或机械接运。最适宜的串坡距离为100～300m。

②人力集材作业要求：

a. 在搬运之前，应按不同材种要求造材，尽可能减轻搬运重量。

b. 人力搬运应尽可能利用吊钩、撬棍、绳索，避免手、足直接接触。

c. 几人共同作业时，应有人指挥步调一致。

d. 集材工人应配备劳动防护用品方可上山作业，如鞋帽、手套等。

e. 木材滚滑时，工人应站在上坡方向，下方不应站人。

(2)畜力集材

①畜力集材的特点　用牲畜(牛、马、骡或大象等)进行集材作业，集材时，木材的一端放在爬犁的横梁上，另一端拖在地上(图5-21)。

图5-21　畜力集材

在我国北方，畜力集材一般冬季作业，夏季放牧。畜力集材对林地和保留木(包括幼树)的破坏比拖拉机集材要小得多，单位面积出材量对生产率的影响也不及拖拉机集材大。因此，适合于伐前更新好、保留木多和单位面积出材量少，坡度不超过17°的伐区，特别是一些边远、零散的伐区。

②畜力集材作业要求：

a. 引导牲畜的工人应走在牲畜的侧面或后方。

b. 集材道上的丛生植物和障碍应及时清除。

c. 木材前端与牲畜之间至少应保持5m的安全距离。

d. 集材道的最大顺坡不超过16°，其坡长不超过20m；重载逆坡不大于2°，其坡长不超过50m。

(3)人、畜力集材对森林环境的影响

人、畜力集材尽管生产效率低，但有利于生态环境保护，不仅对林地的破坏小，而且机动灵活，对保留木和幼树的破坏也很小。

有关专家在综合考虑地表土及植被破坏程度、保留木和幼苗损伤程度、林木损耗程度、作业事故率、作业成本等5种因素条件下，研究畜力，索道、绞盘机、履带式拖拉机和轮式拖拉机等5种集材技术，结果表明，畜力最优，轮式拖拉机最差。

5.6.3.4　板车集材

板车集材是我国南方应用的一种人力集材方式。人力操纵装有2个胶轮的小车，将木材装在车上，沿下坡集材。集材道一般宽1.5m，坡度不超过15°。

板车集材适合于出材量小的伐区，由于板车道占用林地较少，对林地的破坏有限，有利于保护林地的土壤。板车集材机动性好，也有利于保护保留木。

当集材距离小于1 000m时，宜选用手板车集材。

5.6.3.5　滑道集材

将木材放在人工修筑的沟、槽中，让其靠自身的重力下滑以实现集材，称为滑道集材。滑道按结构特点分为土滑道、木滑道、冰雪滑道、水滑道和竹滑道等。

(1)滑道的类型

①土滑道　沿山坡就地挖筑的半圆形土槽，修建简单，投资少。适用于集材量小、木材分散、坡度在55%以上的伐区。但生产效率低，木材损失大，易造成水土流失[图5-22(b)]。

②木滑道　槽底和槽墙用原木铺成，槽宽取滑材最大直径加10cm[图5-22(a)]。

③冰雪滑道　利用伐区自然坡度，取土筑槽，表面浇水结冰后构成半圆形的槽道，冰层厚度保持在5cm以上为宜。它具有结构简单、成本低、滑速快、生产效率高等优点[图5-22(c)]。

④水滑道　在水资源充足的伐区，修筑沟槽以后，引水入槽。木材在水槽内滑行或半浮式滑行集材，适用于水资源充分、坡度在15°以下的伐区。

⑤竹滑道　利用竹片或圆竹按一定的纵坡铺成的滑道[图5-22(d)]。

⑥塑料滑道。德国、奥地利等国采用塑料滑道集材。材料用软型聚乙烯，每节滑道长5m、厚5mm、半径350mm、质量25kg。它的最大优点是质量轻、安装转移快、节省木材。

(2)滑道集材的技术要求

①滑道最好不应刨地而成，可以筑棱成槽，以免破坏地表。

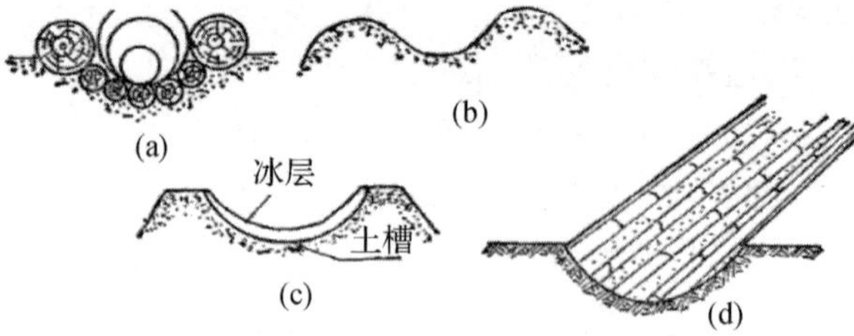

图 5-22　滑道类型

(a)木滑道　(b)土滑道　(c)冰雪滑道　(d)竹滑道

②滑道线应尽量顺直，少设平曲线，拐弯处沟槽应按材长相应加宽。

③完成集材任务后，滑道应及时拆除，恢复林地原貌。

④集材中，可分为大材、小材、软材、硬材分开放。

⑤木材在滑道中滑行时，应小头在前，大头在后。

⑥弯曲木材留在最后滑放。

(3)滑道集材对森林环境的影响

土滑道对林地的破坏较大，容易引起水土流失，其他滑道应该尽量筑棱成槽，并在集材作业完成后恢复植被以减少水土流失。

5.6.3.6　绞盘机集材

绞盘机集材是以绞盘机为动力，通过钢索将木材由伐区内部牵引到指定地点的一种机械集材作业方式(图 5-23)。绞盘机集材适于皆伐作业，集材距离一般可达 300m。绞盘机集材按所拖集的木材形态分伐倒木集材、原条集材、原木集材 3 种。按拖集时木材的运动状态分全拖式集材、半拖式集材。

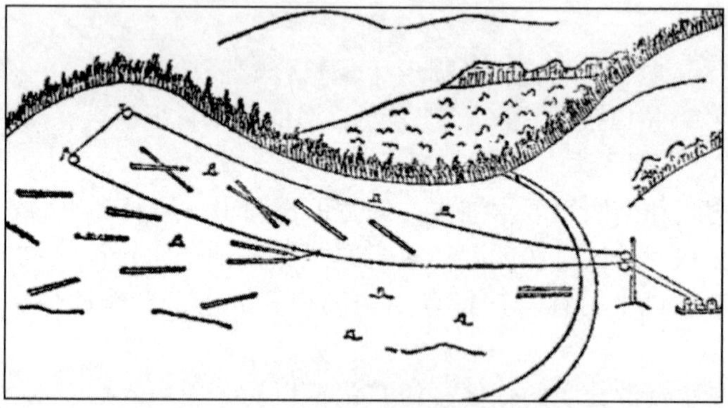

图 5-23　绞盘机集材

绞盘机集材具有下列特点：

①绞盘机集材对地形的适应性较强，在低湿地、沼泽地、丘陵地等地方均可进行。

②设备简单，易于操作，生产成本低，劳动效率高。

③破坏地表轻，不受作业季节影响。

④集材距离受卷筒容绳量的限制，而且不适于择伐作业。

⑤拖曳木材时容易破坏地表植被和土壤，在降雨量多的地区，容易引起水土流失。

当使用拖拉机集材受到限制时，可采用绞盘机集材。在地形变化的林区，可采用绞盘机和拖拉机2种集材类型组成接力式集材。

5.6.3.7　气球集材

气球集材是利用气球的浮力和绞盘机的牵引力进行集材的一种方式(图5-24)。这种集材方式不受地形限制，不破坏伐区地表。但每次集材量低，成本高。此外，为获得较大的浮力，气球体积要求较大。集材时受风力影响大，气球不稳定。

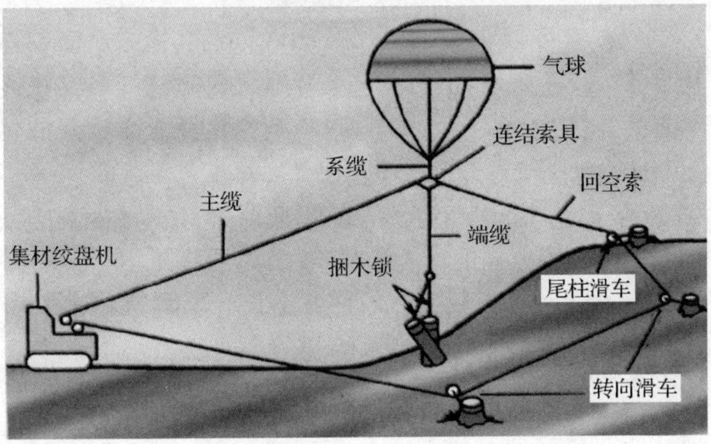

图5-24　气球集材

5.6.3.8　直升机集材

目前国外应用的直升机载量分别为：2.7t、2.7～5.4t、11.3t。这种集材方式可大大减少道路修建费，减少集材对林地和保留木的影响，适合于道路修建费高或需要保护珍贵树种的采伐。直升机集材工作节奏快，需要较大的伐区楞场面积(图5-25)。

5.6.3.9　接力式集材

当一种集材方式不能完成集材作业时，可以采用接力式集材。接力式集材主要包括以下几种：

(1)拖拉机—架空索道接力式集材

这种集材方式适合于上部坡度缓和，出材量较多，而伐区下部坡度较陡的情况。

(2)架空索道—拖拉机接力式集材

这种集材方式适合于上部坡度较陡，大于25°，出材量较多，而下部坡度缓和的情况。

(3)畜力—人力串坡接力式集材

这种集材方式适合于上部坡度和缓，出材量少，下部坡度较陡的情况。

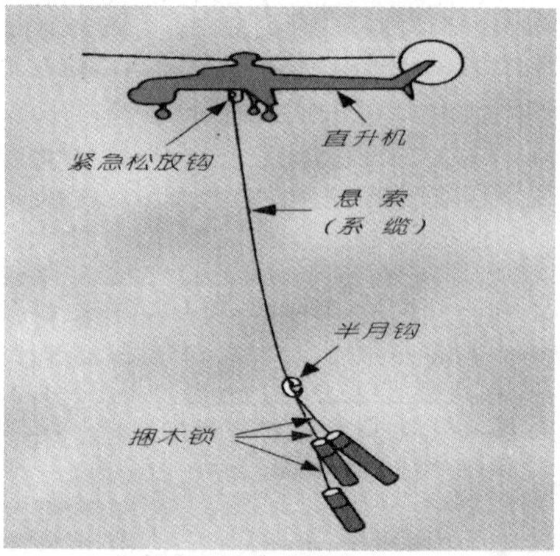

图5-25 直升机集材

(4)畜力—架空索道接力式集材

这种集材方式适合于上部坡度和缓，出材量少，下部坡度较陡的情况。

(5)索道—小型拖拉机接力式集材

这种集材方式适合于上部坡度较陡，出材量较少，下部坡度和缓的情况。

5.6.4 集材作业方式的适用条件

(1)拖拉机集材

适合于坡度不大的丘陵山区，地形平坦或起伏不大，适宜坡度<15°。要有一定的出材量，出材量大，则效率高、成本低。

(2)索道集材

索道适合于地形复杂，坡度较陡的情况。适宜坡度：动力索道<25°，人力、重力索道<15°。从经济方面考虑，出材量：动力索道>$80m^3$，无动力索道>$50m^3$。

(3)绞盘机集材

适合于皆伐作业区，无保留木的情况，出材量>$120m^3$的皆伐迹地，适宜坡度<25°。对地表植被破坏较大，但架设成本低，设备简单。

(4)板车集材

适合于地势较平坦，岩石较少，资源分散，木材径级较小的情况，适宜坡度<8°。出材量>$15m^3$时，成本较低。板车集材需要较少的集材道路面积，占用林地少，有利于环境保护。板车既适合于集材，也适合于与其他集材方式配合作业的小集中作业。

(5)滑道集材

主要利用木材的重力下滑，不受地形限制，只要有一定的坡度均可以利用；适宜坡度<25°，成本比较低，故对出材量没有限制。

(6)人力、畜力集材

人力集材限于小集中。畜力集材适合于木材产量比较少，资源分散，作业成本低，适宜坡度<20°。

(7)运木水渠

适合高山林区，水源充足的情况，适宜坡度 <4°，出材量 >75m^3。

(8)空中集材

空中集材包括直升机和气球集材，适合于地形复杂，道路修建困难的地区。

表 5-2　各种集材方式的适用条件

类型	适宜条件			特点
	地形	纵坡度	出材量(m^3/hm^2)	
拖拉机	地形平坦或起伏不大	<15°	较大	工序简单，效率较高；但对地表、保留木有一定破坏
绞盘机	地势平坦或起伏不大	<25°	较大	拖曳破坏土壤植被
动力索道	丘陵或高山地区	<25°	较大	对地表、树木的破坏小，适宜在陡坡或复杂地形，机械设备转移困难
无动力索道	丘陵或山岳地区	<15°	较少	
板车	地势较平坦且岩石较少	<8°	较少	
滑道	不受地形限制	<25°	不限	易造成冲蚀沟
人力、畜力	丘陵或高山林区	<20°	较少	
运木水渠	高山林区、水源充足	<4°	较大	

南方林区一些传统的手工地面集材，简单而经济。由于人工林普遍径级较小，这些简单的集材方式可能更加实用。如：一般的两坡夹一沟可采用溜山至沟底，再用担筒担出。一般的一坡一沟、坡度不大的可优先考虑小车配小道，利用板车集材。在山形地势条件较好、出材量较多、坡度小于 25°的作业区，可以采用手扶拖拉机或农用车集材。

但发展的方向还应是机械化，甚至智能化。

5.7　伐区装车与归楞

伐区归楞作业是将集材到楞场的原条或原木，分门别类地堆放以利于装车运输的作业。伐区归楞分为人力归楞和机械归楞两种。

5.7.1　归楞方式

(1)人力归楞

人力归楞在下列情况下进行：

①中小径材的归楞。

②材质较轻的木材(如杉木、毛竹)归楞。

③分散小楞场的木材归楞。

采用人力归楞作业的楞场，对从业人员应设立安全保障措施，雨天或雨后地面泥泞、木材表面未干的情况下应停止作业。

(2)机械归楞

机械归楞分为拖曳式和提升式两种，均可与装车联合作业。下列情况采用机械归楞：

①楞场存材量大。

②木材径级大、木质重。

③集材作业时间集中。

5.7.2 归楞要求

(1)楞高

人力归楞以1~2m为宜，机械归楞可达5m。

(2)楞间距

楞间距以1~1.5m为宜，楞堆间不应放置木材或其他障碍物。在楞场内每隔150m留出一条10m宽的防火带(道)。

(3)楞头排列

应与运材的要求和贮木场楞头排列次序密切结合。通常排列顺序为“长材在前、短材在后，重材在前，轻材在后”。

(4)垫楞腿

每个楞底均应垫上楞腿，伐区楞场楞腿可以采用原木，原木的最小直径应在20cm以上，并与该楞堆材种、规格相同，以便于装车赶楞，避免混楞装车。

(5)分级归楞

作业条件允许时，应尽量做到分级归楞。分级归楞标准应根据国家木材标准和各单位的生产要求而定，即按原木的树种、材种、规格与等级的不同进行归楞。

每日集到楞场的木材，应及时归楞，为集材和造材作业创造条件。

5.7.3 楞堆结构

楞堆结构类型的选择主要取决于归楞的作业方式、作业机械及对木材贮存的要求等，其类型主要分为以下几种：

(1)格楞(捆楞)

适用于拖曳式(架杆绞盘机)归楞，这种楞垛在归楞、装车作业时，便于机械操作(图5-26)。

(2)层楞

适用于人力归楞，这种楞垛通风良好、木材容易干燥，滚楞方便，装车时也容易穿索，但要求同层原木直径相同或相近(图5-27)。

(3)实楞

适合于机械归楞，这种楞垛归楞方便，不受径级限制；但楞垛密，通气差，木材水分不易散发。在气候干燥，木材容易开裂的地区采用此结构楞堆较好(图5-28)。

5.7.4 归楞作业安全要求

①归楞人员应严格按照有关操作规程进行，捆木工、归楞工和绞盘机司机应按规定信号进行作业。

②归楞工待木材落稳，无滚动危险后，方可摘解索带，发出提钩信号时，应站在安

全地点，木材调头时，捆木工应站在木材两端，用工具牵引，不应用手推或肩靠，不应站在起吊木材下方操作。

③归到楞垛上的木材应稳牢，归楞工进行拨正操作时，其他人员应站到安全地点。

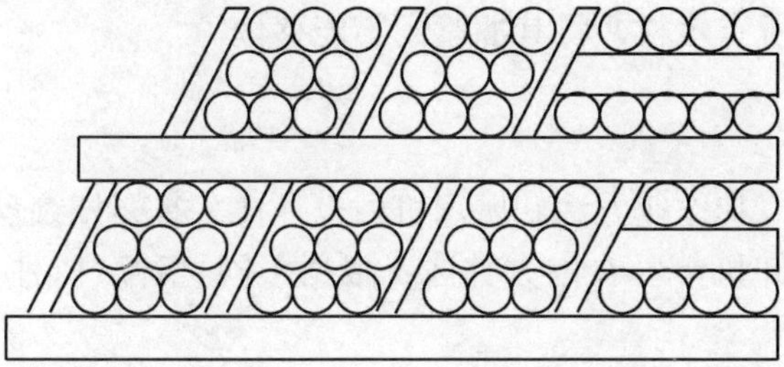

图 5-26　格楞

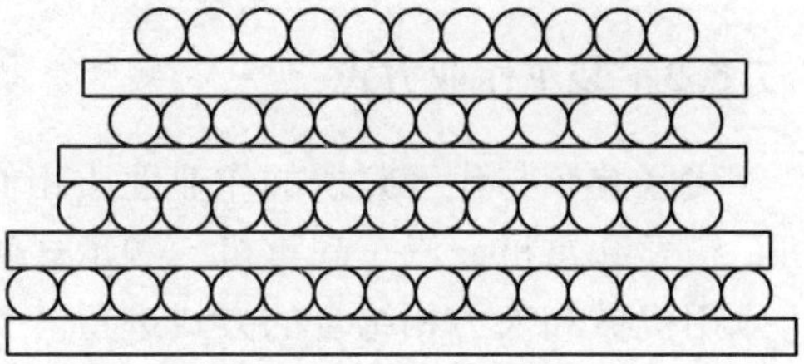

图 5-27　层楞

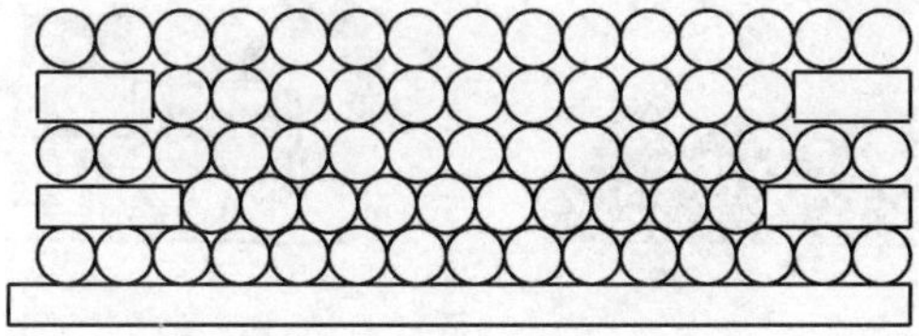

图 5-28　实楞

5.7.5　装车作业

5.7.5.1　装车作业的要求

伐区装车(汽车)应按下列要求进行：

①汽车进入装车场时，待装汽车对正装车位置后，应关闭发动机，拉紧手制动，挂上一挡或倒挡，并将车轮用三角垫木止动。

②装车前，装车工应对运材车辆的转向梁、开闭器、捆木索进行检查，确认状态良好后，再装车。

③装载原条时，粗大、长直原条应装在底层，并按车辆承载标准合理分配载重量。

④起吊、落下木捆应平衡，不应砸车，捆木索不应交叉拧动。

⑤木捆吊上汽车时，看木工应站在安全架上调整摆正，木捆落稳后，方可摘解索钩。

⑥未捆捆木索之前，运材车辆不应起步行驶。

⑦连接拖车时，驾驶员应根据连接员的信号操作。

⑧平曲半径小于 15m，纵坡大于 8°的便道不应拖带挂车。

5.7.5.2　装车质量

①原条前端与驾驶室护拦的距离不应小于 50cm。

②装车宽度每侧不应超过车体 20cm。

③装车高度距地面不应超过 4m，木材尾端与地面距离不应小于 50cm。

④顶层最外侧靠车立柱的木材，超过车立柱顶端部分不应大于木材本身直径的1/3。

⑤木材载重量分配合理，不应超载和偏重。

⑥装载的木材应捆牢，捆木索应绕过所有木材并将其捆紧到不能移位。

5.7.5.3 装车作业方式

伐区装车与伐区归楞的作业性质相似，其作业方法和所用机械也一样，有架杆绞盘机、缆索起重机、汽车起重机、颚爪式装卸机等。在南方林区，根据不同材种、树种，可采用机械和人力相结合的方式进行。

(1)装载机装车(图5-29)

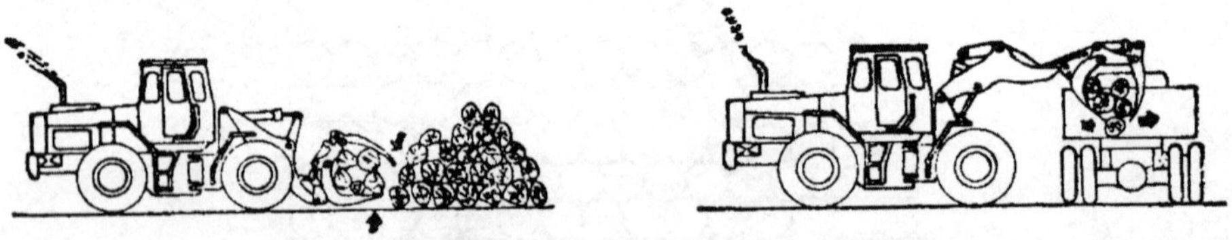

(b) (d)

图5-29 装载机装车

(a)抓取木材 (b)装载木材

(2)缆索起重机装车(图5-30)

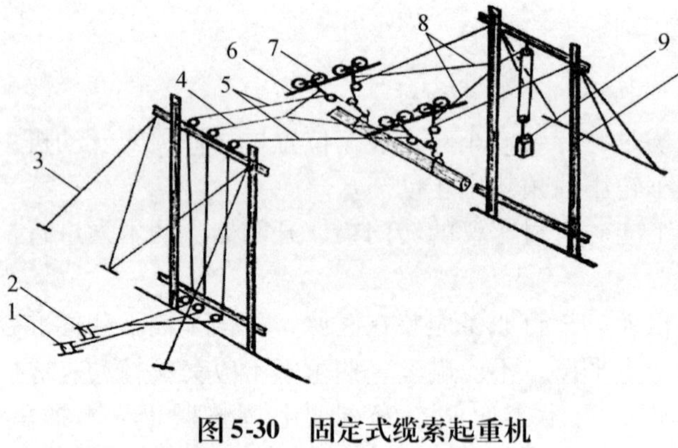

图5-30 固定式缆索起重机

1. 牵引卷筒 2. 起重卷筒 3. 绷索 4. 牵引索 5. 起重索 6. 承载索 7. 跑车 8. 回空索 9. 自重回空装置 10. 固定架杆

5.8 伐区清理与森林环境恢复

伐区清理是提高资源利用率，保护和恢复林地环境，为更新创造条件的重要作业环节。

5.8.1　采伐迹地清理与森林环境恢复

5.8.1.1　采伐迹地清理的要求

①长度2m、小头直径6cm以上的木材宜全部运出利用。

②将采伐放倒的病虫木，以及在采伐作业中受到严重伤害的树木的可利用部分造材运出迹地。

③将伐木造材作业中的剩余物，如枝桠、梢木、截头等按要求集中归成一定规格小堆。

④在水土容易流失的迹地宜横向堆放被清理物。

⑤将灌木、藤条砍除。

⑥用堆腐、带腐、散铺、火烧(病虫害严重的采伐迹地可用火烧法，其余迹地均不应使用)等方法恢复森林生态环境。

⑦与木材加工厂的管理人员合作，以便综合利用木材。

⑧为那些未被充分利用的劣等材寻求市场。

⑨鼓励采伐商提高森林资源的利用率。

⑩采伐的原料商品化，确保利益最大化。

5.8.1.2　采伐迹地清理的方法

(1)腐烂法

在可利用的木材收集完后，剩余的较小枝桠留在林地上任其腐烂。腐烂法又分为：

①堆腐法　将剩余物堆在林中空地任其腐烂，堆的大小要控制，太大不易腐烂，太小占用林地多。一般0.5~2m^3，每公顷100堆。

②散铺法　将采伐剩余物截成0.5~1m的小段，散铺于采伐迹地。该方法适合于土壤瘠薄、干燥及陡坡的采伐迹地，能降低林地水分蒸发，减少水土流失。

③带腐法　将采伐剩余物呈带状，沿等高线堆积于采伐迹地。该方法适合于皆伐迹地、且坡度大，易于水土流失的伐区。

(2)火烧法

全面火烧法适用于无母树的皆伐迹地，又称炼山。采用火烧法，采伐迹地周围要开好防火道。病虫害严重的采伐迹地可用火烧法，其余迹地均不应使用。

采伐迹地的清理应该有利于林地生产力的恢复，防止水土流失，防止森林病虫害的发生。

5.8.2　楞场和装车场清理与森林环境恢复

楞场和装车场是木材生产中的临时设施，木材生产完毕后应进行适当的清理以利于森林更新。主要工作包括：

①拆除楞腿、架杆、支柱和爬杠，同木材一起运出。

②整平场地、填平被堆集木所压的坑、整平车辙、维护好排水设施保证场地不

积水。

③将树皮和采伐剩余物均匀分散到楞场和装车场，增加森林的有机物和营养物。

④清除场地内的非生物降解材料和所有固体废物，包括油燃料桶和钢丝绳等。

⑤装卸地清理，基本不留下剩余物。

楞场和装车场清理应有利于林地的水土保持，有利于林地生产力的恢复。

5.8.3 集材道清理与森林环境恢复

集材道路是集材作业时的临时道路，其土壤和植被往往受到不同程度的破坏(图5-31)。集材作业通过次数越多的集材道路被破坏的越严重，特别是各种地面集材设备，对土壤和植被破坏较为严重。为保证森林更新，以及防止集材道路上的水土流失，木材生产完成后，应对集材道路采取一定的清理和保护措施。主要包括：

图5-31 产生水土流失的集材道路

①采伐工作结束后应及时整平被严重拖压的路面。

②以与集材道呈90°的方式(适用于坡度较缓的地区)或呈30°~60°交角的方式(适用于坡度大于20°的地区)将枝丫横铺于集材道上。

③在坡度高于15°的地区宜挖羽状排水沟或修筑简易挡水坝。

④在凹形变坡点或山脚下宜修排水设施清除积水。

⑤简易挡水坝和排水沟的间距宜随坡度、雨量的增加而减小，南方地区应小于北方地区。

⑥填平集材道宜从道面两侧取土。

⑦水道清理，应清除水道内采伐剩余物及所有对下游有污染的废弃物。

⑧选择适当的更新方式尽快恢复植被。

5.8.4 临时性生活区清理与环境恢复

临时生活区清理的主要措施包括：

①深埋临时生活区的垃圾。

②所有可能积水的地方应排干，积水不能直接排入水域。

③清理所有临时生活区的建筑和机械设备，拆除时应彻底清除或埋藏可降解的剩余杂物，移走容易引起火灾的油料、燃料、各种废弃物。

④受油料玷污的大片地面应挖埋。

⑤保持撤离后的地区干净、整洁。

临时生活区的清理应保护作业区域的环境卫生，有利于森林的更新和恢复。

在伐木作业后，在原木楞场、林道和集材道上种植野生动物喜爱的植物种。

5.9　伐区作业质量检查与环境保护评估

伐区作业质量检查的目的是使采伐作业规范化，有利于森林更新、有利于保护环境、有利于提高作业效率、有利于保证作业安全。实现以人为本、生态优先、效率至上。

5.9.1　伐区作业质量检查的阶段

伐区作业质量检查分为以下几个阶段：

①伐区调查设计质量检查。

②伐区准备作业检查。

③采伐期间的检查。

④采伐完后的伐区验收。

5.9.2　伐区作业质量检查的主要内容

5.9.2.1　FAO 推荐的伐区作业质量评估

FAO 推荐的伐区作业质量评估，主要包括以下内容：

①检查的时间。伐区作业质量评估分为过程中评估和作业过程后评估。作业过程后评估一般在作业后 8～12 个月，包括一个完整的雨季。评估应在作业完成后 2 年内实施，以便采取补救措施。

②评估道路、集材场、集材道的状况。永久性道路应保持良好。临时性道路和集材道应予以封闭，并恢复植被，做水土保持处理。确定道路、集材场、集材道和索廊翻动的面积及宽度，以及与计划的差异。

③评估木材价值和数量的损失及原因。木材价值和数量损失的常见原因包括：定向采伐效率差；伐根过高；横截不当；集运遗弃等。

④检查缓冲带是否完好。缓冲区是为保护作业区域内溪流、湖泊、湿地的水环境或特殊的野生动物和濒危物种栖息地，以及文化区、村镇等而设立的缓冲区域。缓冲区是不应采伐作业或机械进入的森林地段。

⑤检查确定要砍伐而未砍伐、应保留而未留的树木原因。

⑥检查作业设备是否符合作业要求，是否遵照安全条规。

⑦检查操作人员的证书及劳动保护装备。

伐木员、检尺员和机械集材人员应持证上岗。主要设备操作者：如操作电动锯、油锯、机动运输工具应有被认可的培训机构颁发的技能和能力证书。

⑧检查确定使用的油料、化学品及其他废物和污染物是否得到妥善处理。

⑨检查劳动保护用品是否符合要求，主要劳动保护用品包括：高对比度服装、安全头盔、护目镜、面具、紧身服、耳套、手套、安全靴或鞋、安全裤等。

⑩预测作业对今后林木更新，其他植被、野生动物的影响。

以上检查中涉及环境保护的检查内容主要包括：评估道路、集材场、集材道的状况；检查缓冲带是否完好；确定要砍伐而未砍、应保留而未留的树木原因；确定使用的油料、化学品、及其他废物和污染物是否得到妥善处理；预测作业对今后林木更新，其他植被、野生动物的影响等。

5.9.2.2 亚太林业委员会推荐的采伐作业监督和评价项目

亚太林业委员会出版的《亚太区域森林采伐作业规程》对采伐作业的监督和评价项目主要包括以下内容：

（1）检查时间与处罚

监督是检查采伐活动是否遵循了伐前制定的标准，检查工作应贯穿于整个采伐过程。包括：伐前计划的检查、伐前野外调查质量的检查、采伐期间的多次检查、采伐完成后的检查。

检查报告应提交给林业主管部门、采伐公司、森林经营单位或其他相关的机构。并视违反规程的程度采取适当的处罚行动，如警告、处以罚金、停止采伐活动、收缴采伐许可证等。

林业部门的官员每次检查都要对作业评估，评估间隔的时间最多为 3 个月，最好 1 个月检查一次。如果评估结果为暂停作业，继续作业之前须进行进一步的实地评估。

（2）评估检查的内容

①计划　是否有森林所有者、林务官及采伐者共同讨论的作业计划，采伐计划是否按规程完成。

②禁伐区（缓冲区）　是否按规定设置禁伐区，禁伐区内是否有作业。

③道路　是否按规程修建排水设施，保持路面的中高边低，两侧有 V 型排水沟；是否沿道路两侧按一定间距开挖羽状横向排水沟；是否有植被清理最宽处超过 30m 的路段。

④楞场　楞场位置是否按计划位置；楞场排水方式是否正确；楞场应设在禁伐区之外，距缓冲区边缘至少 40m，坡度小且易于排水。

⑤集材　是否有未按计划修建的集材道；是否有宽度超过 5m 的集材道；树木在集材道两侧被损坏的情况；修建集材道造成的土壤破坏。

⑥对保留木的损害　是否有应保留的标记树被采伐。

⑦定向伐木和原木造材的质量　定向伐木的要求是保证安全、尽量减少对其他立木或保留林分的破坏、有助于集材、防止树木搭挂。

在原木造材的过程中，应最大限度地创造价值和浪费最少，保持树干所锯横断面的平整。造材后，原木标注所有者的商标、原木编号、长度、质量、树种和直径。

⑧伐后伐区的恢复工作　主要包括水道桥涵、道路、集材道、楞场、场地清理等工作。在同当地林地所有者协商后，关闭道路并拆除原木桥涵和临时性桥梁；在道路和集材道上开挖过路的横向排水沟；在楞场恢复时，注意排水，可通过耕作或种植恢复植被。

在以上《亚太区域森林采伐作业规程》中，有关环境保护评估的主要内容包括禁伐区(缓冲区)设置、道路排水、楞场设置、集材道修建、定向伐木、伐后作业区恢复等内容。

5.9.2.3　我国的伐区作业质量管理与环境保护要求

我国的采伐作业管理主要包括伐区调查设计质量管理、准备作业管理、作业监督、作业质量评估等。

(1)伐区调查设计质量管理

我国的伐区调查设计质量标准见表 5-3。

表 5-3　伐区调查设计质量标准

检查项目	标准分（总分 100）	技术标准	扣分标准
设计资料	10	完整、准确、规范，平面图表数字清晰，概算依据充分	缺、错一项扣 5 分
小班区划	15	位置准确，测量标志齐全，一个小班内不应出现 1hm² 以上的不同林分类型	标志缺一项扣 3 分，出现的不同林分类型扣 10 分
缓冲区	5	宽度合理、测量标志齐全	宽度不合理扣 2 分，测量标志不齐全扣 3 分
面积	10	允许误差 5%（1:10 000 地形图勾绘面积允许误差为 10%）	每超过 ±1% 扣 1 分
株数	5	允许误差 10%	每超过 ±1% 扣 1 分
蓄积	5	允许误差 10%	每超过 ±1% 扣 1 分
出材量	5	允许误差 10%	每超过 ±1% 扣 1 分
龄级	5	允许误差一个龄级	每超过 2 个龄级扣 2 分
树种组成	5	目的树种(优势树种)允许误差 ±10%	超过误差扣 5 分
郁闭度	5	允许误差 ±10%	超过误差扣 5 分
采伐工艺设计	15	采伐类型、采伐强度、采伐方式、道路、集材道、楞场设计合理	缺、错一项扣 5 分
采伐木标记	15	允许误差 5%	每超过 ±1% 扣 3 分

在以上检查内容中，涉及环境保护的条款，主要包括：采伐类型、采伐强度、采伐方式，道路、集材道、楞场设计合理等。

(2)伐区生产准备作业验收标准

主要检查楞场位置和修建、集材道路修建、生活点的位置和修建、运输道路修建等，详见表 5-4。

表 5-4 伐区生产准备作业验收标准

检查项目		标准分（总分 100）	检查方法及评分标准
道　路	1. 排水	10	符合设计要求，向两侧林地排水的得满分，不符合设计要求的不得分
	2. 水土保持	10	植被清理带最宽处超过 30m（无砾石处 40m）的或在坡度大于 25°的侧坡上挖土的不得分
	3. 桥涵	10	未按设计修建水道桥涵的不得分
集材道	1. 排水	10	未向两侧林地排水的不得分
	2. 水土保持	20	未按采伐设计修建集材道的，水道两岸被铲坏或土壤被推入水道的不得分
	3. 桥涵	10	未按采伐设计修建桥涵的，桥涵修建不合理造成水流不畅的不得分
楞　场	1. 位置	10	未按设计位置设置楞场或大小、安全距离不符合要求的不得分。在禁伐区或滤水区设置楞场不得分
	2. 排水	10	排水方式不正确不得分
生活点		10	符合安全卫生要求的得满分，否则不得分

在以上检查内容中，涉及环境保护的内容主要包括：道路修建与水土保持；集材道修建与水土保持；楞场修建位置与排水；生活点修建等。

（3）伐区生产作业监督的主要内容

具体内容见表 5-5。

表 5-5 伐区作业监督主要处罚项目

提示限期补救	警告限期补救并处以罚款	暂停作业
违反安全管理操作规程	严重违反安全管理操作规程	违反安全管理操作规程造成后果的
未按采伐设计设置缓冲区	缓冲区有采伐活动，有伐倒树木倒向缓冲区，未经批准有机器进入缓冲区	林分因子与伐区现地情况不符
现地标志不清晰	集材道排水不合理，未设水流阻流带，车辙、冲沟深度超 5cm	采伐设计未划定缓冲区
标记树未被采伐	树倒方向控制不好，造成树木搭挂或伐倒木砸伤损伤	改变采伐方式、越界采伐
作业过程造成集材道、楞场	采伐未挂号的立木	伐区工作人员人为造成火灾火情
排水方式不正确造成积水	伐根高度超过 10cm	发生食物中毒事件
生活区废物处理不当	集材道路影响当地农林排沟灌渠	有人身伤亡事故发生
各类油污未处理	拖拉机下道，集材损坏树木和幼树	

在以上作业监督的内容中，涉及环境保护的内容主要包括：缓冲区有无采伐活动；有无伐倒树木倒向缓冲区；有无未经批准机器进入缓冲区；集材道排水不合理，未设水

流阻流带，车辙、冲沟深度超 5cm；树倒方向控制不好，造成树木搭挂或伐倒木砸伤损伤；集材道影响当地农林排沟灌渠；拖拉机下道集材损坏树木和幼树等。

(4) 伐区作业质量评估的主要内容

伐区作业质量评估，主要评估采伐、集材、造材、林地清理、装车等作业的质量，详见表 5-6。

①采伐质量评估　采伐质量评估的主要内容包括：采伐面积；采伐方式；采伐强度；标记树木的采伐与保留；郁闭度；伐根等是否符合作业规程；集材拖拉机作业是否符合作业规程，是否下道集材；作业中幼苗、幼树损伤率等。

②伐区清理　伐区清理检查的内容主要包括：是否随集随清；采伐剩余物归堆是否整齐；有病菌和害虫的剩余物是否采用药剂处理等。

③环境影响评估

a. 缓冲区。发生下列情况之一的，每项扣 2 分：每个未按采伐设计设置的缓冲区；每个有采伐活动的缓冲区；每个有伐倒树木的缓冲区；每个未经批准却有机器进入的缓冲区；每个被损坏的禁伐木。

b. 水土流失。水土流失是木材生产作业中最容易产生的环境损害，属于不合格作业的有采伐作业生活区建设时破坏的山体未回填；对可能发生冲刷的集材道未做处理；对可能发生冲刷的集材道处理达不到要求；集材道出现冲刷；集材道路未设水流阻流带，车辙、冲沟深度超 5cm。

c. 场地卫生。场地卫生发生下列情况的属于不合格作业：可分解的生活废弃物未深埋；难分解生活废弃物未运往垃圾处理场；采伐作业生活区的临时工棚未拆除彻底；建筑用材料未运出；抽查 0.5hm^2 采伐面积，人为弃物超过 2 件；轻度损伤的树木未作伤口处理；重度损伤的树木未伐除。

④资源利用　资源利用主要检查伐区丢弃材和装车场丢弃材。

表 5-6　采伐作业质量检查标准

检查项目	标准分（总分 100）	检查方法及评分标准
(一) 采伐质量		
采伐方式	5	符合调查设计要求的得满分，改变采伐方式的为不合格伐区
采伐面积	5	符合调查设计要求的得满分，越界采伐的为不合格伐区
采伐蓄积	5	允许误差 5%；每超过 ±1% 扣 2 分
出材量	5	允许误差 5%；每超过 ±1% 扣 2 分
应采未采木	5	应采木漏采 0.1m^3 扣 1 分
采伐未挂号的树木	5	每采 0.1m^3 扣 1 分
郁闭度	5	符合调查设计要求的得满分，否则不得分
伐根	5	伐根高度超过 10cm 比例应低于 15% 的；每超过 1% 扣 1 分
集材	10	拖拉机不下集材道的得满分，下道的不得分；幼苗、幼树损伤率超过调查采伐面积中幼苗、幼树总株数的 30% 不得分
(二) 伐区清理		
随集随清	5	随集随清得满分，否则不得分
清理质量	5	符合调查设计要求的得满分，采伐剩余物归堆不整齐，有病菌和害虫的剩余物未用药剂处理的不得分

（续）

检查项目	标准分（总分100）	检查方法及评分标准
（三）环境影响		
缓冲区	10	发生下列情况之一的扣2分 每个未按采伐设计设置的缓冲区 每个有采伐活动的缓冲区 每个有伐倒树木的缓冲区 每个未经批准却有机器进入的缓冲区 每个被损坏的古迹和禁伐木
水土流失	10	采伐作业生活区建设时破坏的山体未回填扣2分 对可能发生冲刷的集材道未做处理扣4分 对可能发生冲刷的集材道处理达不到要求扣2分 集材道出现冲刷不得分 集材道路未设水流阻流带，车辙、冲沟深度超5cm扣8分
场地卫生	5	发生下列情况之一的扣2分 可分解的生活废弃物未深埋 难分解生活废弃物未运往垃圾处理场 采伐作业生活区的临时工棚未拆除彻底 建筑用材料未运出 抽查0.5hm^2采伐面积，人为弃物超过2件 轻度损伤的树木未作伤口处理的，重度损伤的树木未伐除
（四）资源利用		
伐区丢弃材	10	丢弃材超过0.1 m^3/hm^2扣10分
装车场丢弃材	5	装净得满分，否则不得分

5.10 伐区安全生产与劳动保护

伐区生产作业，首先应做到“安全第一”，“以人为本”，保证作业人员的安全与健康，避免发生伤亡事故。

5.10.1 安全管理

安全管理主要包括以下内容：

①主管部门和生产单位应建立相应的安全管理、监督、检查机构，明确相应的工作职责，制定严格的安全生产管理制度，对安全生产和劳动安全实施有效的管理、监督和检查。

②主管部门应组织编写和不断完善修道、建桥（涵）、伐木、打枝、造材、集材、装车、归楞、清林、运材、拆除建筑、机械设备操作和运输等相关的安全技术操作规程。

③当劳动保护设施不完备、机械设备有隐患、作业场地不安全、作业环境不适宜时，主管部门或生产单位应及时采取相应的措施，在不能保证作业人员安全与健康的情况下，作业人员有权拒绝正在从事的工作。

④主管部门或生产单位应经常组织开展有关安全生产和劳动安全的教育，增强作业人员的安全意识。

5.10.2 劳动保护

①生产单位或主管部门应为作业人员提供安全、健康的工作环境，不应超时作业。

②应为采伐作业人员提供足够的、符合饮用标准的生活用水。

③应为作业人员配备符合国际或国家标准的安全设备和劳动保护用品(表5-7)。主要包括:

a. 具有不同作用的服装。服装的质地、面料和设计应充分考虑行业、工种的特性，采伐作业人员配备的服装颜色应与森林环境有较高的对比度(图5-32)；机械操作人员应配备紧身式的服装。

b. 具有安全作用的头盔、鞋、靴、护腿等。

c. 还应配备消除高噪音的消音耳套、手套、眼罩、护面具等。

d. 为作业人员配备的保护用品，应在生产实践过程中，不断加以改进，使其更加舒适、实用、安全可靠。

e. 作业人员应掌握常见的预防、急救、自救方法(如流血、昏厥、虫、蛇咬伤等)。

f. 作业点或作业点附近应有常用的急救药品和器具。

g. 作业人员在作业现场应使用所要求的防护用品。

表5-7　劳动保护服装使用指南

保护部位	脚	腿	躯干四肢	躯干四肢	手	头	眼睛	面部	耳朵
相应设备	安全靴或鞋	安全裤	紧身服	高对比度服装	手套	安全头盔	护目镜	面具	耳套
伐木打枝造材									
手动工具	√		√	√	√	√			
油锯	√	√	√	√	√	√	√	√	√
机械化	√		√	√		√			√
集运材									
人力	√	√	√	√	√	√	√		
畜力	√			√	√	√			
滑道	√			√	√	√			√
拖拉机	√		√	√	√	√			√
索道	√		√	√	√	√			√
绞盘机	√	√	√	√	√	√			√
归楞装卸车									
人力	√	√	√	√	√	√			√
机械	√		√	√	√	√			√
清林									
人力	√	√	√	√	√	√		√	
机械	√		√	√	√	√			√

5.11　森林防火与机械设备维护

5.11.1　森林防火

(1)防火、灭火教育

对于所有参与采伐作业的工作人员，都应进行防火、灭火的教育与培训。

(2)临时居住场地防火

①为作业人员休息、吃饭所搭建的帐篷、简易房屋或其附近的活动场地，都应设置防火隔离带，清除隔离带中的杂草、灌木、枯木、倒木。

②居住场地应配备消防器材。

③用于取暖、做饭、照明的火源，应有专人看管，火源周围不应有可燃物质。

④房屋外的烟囱应安装防火罩。

⑤及时清除容易引起火灾的油料、燃料、各种废弃物。

(3)作业区防火

在作业区不应用火。如遇特殊情况应用火时，应清理出场地，火源半径3m内不应有任何可燃物质，作业人员离开火源时，应彻底将火熄灭。

(4)机械设备防火

①清除机械设备表面多余的油污，以防高温或遇明火而引起火灾。

②机械加油时，应保证加油点3m内无任何可燃物质。

③机械的排气、点火或产生高温的系统，应安装防火装置或采取防火措施。

(5)火情处理

①一旦发生火情，应立即停止作业，采取必要的灭火措施，并向有关部门报告。

②火情处理时，应对火情进行危险性估计，以保证人身安全。

5.11.2 机械设备维护

(1)使用与保管

①使用的机械设备，应有详细的使用说明，并由专业人员操作，不应超负荷作业。

②机械设备应定期检修，各种机械裸露的传动、转动、齿轮部分，应有完整、有效的防护装置。

③机械设备在使用前应进行检测、清洗、润滑、紧固、调整，没有授权检测部门的认证，不应使用。

④采伐作业后，应对所有使用的机械设备进行检修、清洗、润滑、紧固、调整和妥善保管。

(2)废物处理

①维修场地和排放的无毒废液应远离地表水域50m以外。

②无毒固体废物应集中转移或埋入地下0.5m以下。

③有条件时，应对有害废物、废液进行无毒处理，否则，集中转移至专门的处理区域。

④采伐的机械设备在作业过程中应避免燃料、油料溢出。

(3)物品贮藏

备用的燃料、油料，以及其他化学制剂应有固定的场地和专用的容器，远离地表水域，在居民点100m以外，并设立特定的警示标志。

5.12　场地卫生与环境保护

(1) 场地设置

①采伐作业人员的临时居住场地，应选择在地势平坦开阔、排水良好、不受山洪威胁的地段；

②居住场地选择后，应该进行精心的设计。设计内容包括寝室、厨房、仓库、储藏室、活动场地、供电场地、厕所、排水沟、供水、污水、废物处理等。

(2) 生活用水

①不应直接使用积水或受污染的河水。

②应取用达到饮用标准的河水、溪水、雨水或泉水。

③蓄水池为水源时，应采取防止蚊、虫繁殖的措施，并进行消毒处理。

(3) 垃圾处理

①生活垃圾应集中倒入垃圾坑内，垃圾坑应设置在生活用水下游，坑底高于地下水位、地表水不能流入或远离地表水域和居住场地 50m 以外的地段。

②垃圾坑应经常用土覆盖。

③难以分解的废弃物，如塑料等，应集中转移到专门的处理场所。

(4) 有毒、有害物品管理

①有毒、有害物品使用　对有毒、有害物品应建立严格的控制、监督的管理制度，不应随意扩大使用范围，增加剂量，更不应流失。

②有毒、有害物品保存与处理

a. 有毒、有害物品应有单独、封闭的存放地点，并设置特定的警示标志；

b. 存放地点应远离生活区域和地表水域 100m 以外，放置于生活用水下游；

c. 有毒、有害物品应有专门的容器保存，不应泄漏，避免对人身或野生动植物造成危害；

d. 有毒、有害物品的残留物应集中转移至专门处理区域。

第6章 竹子利用与竹材生产

6.1 竹类资源概述

竹子分布于北纬46°至南纬47°之间的热带、亚热带和暖温带地区。竹类是热带和亚热带的植物，少数分布在温带和寒带。竹子有70多属1 200多种，世界竹区主要分布于亚太区、美洲、非洲。

以竹子资源开发利用的竹产业是世界公认的绿色低碳产业，广泛用于建筑、交通、家具、造纸、工艺品制造等诸多领域。竹产业每年为全世界22亿人口提供经济收入、食物和住房，全球竹产品的年贸易额更是超过85亿美元。

竹子对生长环境要求不高，大多生长在山区等不适宜粮食作物生长的地方。从经营角度看，投入小、产出大。从开发利用角度看，竹子从地下的竹鞭到地上的竹笋、竹竿、竹叶都可以开发利用。竹子1年栽种成活，2~3年精心管护成林即可割笋利用，4~5年经营可产笋产材，可连续受益60年以上。此外，竹笋的生长密度非常高，每年新生的竹子往往是老竹的好几倍。可以说竹子是一次造林成功，永续利用。竹子在许多方面可以代替木材，是优质的非木质资源。竹林还有很好的生态效益，同等面积的竹林比一般树林可多释放35%的氧气，也能吸收大量的二氧化碳。在当今关注全球气候变化、木材短缺和低碳经济的背景下，竹子日益彰显其资源价值。

6.2 竹类资源的分布

世界竹区主要分布于亚太区、美洲、非洲。国际竹藤组织(INBAR)、联合国环境规划署(UNEP)、联合国粮农组织(FAO)、中国及其他INBAR成员国合作完成了全球首次竹资源评价报告。

根据该报告，全球森林面积约$22.39\times10^8hm^2$，其中竹林面积约$8\ 879\times10^4hm^2$。非洲(AF)、亚洲太平洋(AO)和拉丁美洲(LAC)竹林面积比重分别为30%、39%和31%。全球竹林面积为森林面积的3.9%，三大竹产区的竹林面积分别为各洲森林面积的4.1%、4.4%和3.2%。

中国是世界竹子分布中心，中国有竹类植物40属400多种，约占世界竹类种质资源的1/3。现有竹林面积约$540\times10^4hm^2$，占全国森林面积2.8%。每年可砍伐毛竹4亿多枝，杂竹300×10^4t，相当于$1\ 000\times10^4m^3$木材的量，占中国每年木材采伐量的1/5左右，竹林成为中国重要的森林资源。中国竹林资源集中分布于除新疆、黑龙江、内蒙古等少数省份以外的浙江、江西、安徽、湖南、湖北、福建、广东，以及西部地区的广西、贵州、四川、重庆、云南等 27 个省(自治区、直辖市)的山区。其中以福建、浙江、江西、湖南 4 省最多，占全国竹林总面积的 60.7%，南方 13 个省(自治区)竹林面积在 $1 \times 10^4 hm^2$ 以上的县(市)有 130 多个。由于中国各地气候、土壤、地形的变化和竹种生物学特性的差异，竹子分布具有明显的地带性和区域性。中国竹类资源不仅丰富，而且栽培利用历史悠久。英国著名学者李约瑟在《中国科学技术史》中指出，东亚文明过去被称作“竹子文明”，中国则被称为“竹子文明的国度”。正如苏东坡所述：“食者竹笋，庇者竹瓦，载者竹筏，炊者竹薪，衣者竹皮，书者竹纸，履者竹鞋，真可谓不可一日无此君也。”

6.3　竹类资源的开发利用

6.3.1　竹产业概述

竹类资源与人类生产、生活的关系极为密切。竹材与木材相比有很多独特的优点，竹笋味道鲜美，含有多种氨基酸，是优良的食品，自古列为山珍之一。众多的竹副产品，也都具有较高的利用价值，应用越来越广泛。

竹产业是指包含并以竹资源培育为基础及在此之上进行的以竹为主要原材料的产品加工和相关服务产业的综合。主要包括：

第一产业，指以竹林资源为劳动对象，以经营笋竹林、用材林为主要途径，从事竹材培育、采伐、集运和贮存作业，向社会提供竹材以满足生产和生活需要的营林产业，以笋竹食品采集为主要内容的竹林副产品生产。

第二产业，指包括以竹材为原料，生产各种竹材产品(板材及其他制品)的竹材加工和竹制品业、竹家具及工艺品制造业、竹浆造纸及纸制品业、竹化学产品制造业、笋竹食品加工业。

第三产业，指竹生态服务业、竹文化、旅游服务业和其他竹服务业。

可以认为，竹产业作为林业产业的重要组成部分，贯穿林业产业的一、二、三产业。

竹林栽培、加工、利用在增加农民收入、促进区域经济发展中的作用十分明显。中国已经成为世界最大的竹产品加工、销售和出口基地，其中原竹利用(竹编织品)、竹材加工、竹笋、竹炭、竹纤维等对竹子的开发利用闻名于世界。

6.3.2　竹子资源应用

(1)以竹代木

在用途上，竹材的许多力学和理化性质优于木材，例如，强度高、韧性好、硬度大、可塑性强等，是工程结构材料的理想原料，能广泛应用于建筑、工业、交通等领域，可以代替木材、钢材和塑料。

竹材也有一些缺点，例如，竹子虽然具有强度高、硬度大、弹性好、表面光滑、纹理细致、劈裂性好等优点，但与木材相比，存在径级小、壁薄中空、各向异性等缺陷。近年来竹材的改性加工有了较大的发展，已研究开发了多种竹质人造板，其机械物理性能比木材好，收缩量小而弹性和韧性高，如竹胶合板的顺纹抗拉强度和顺纹抗压强度分别为杉木的 2. 5 倍和 1. 5 倍。

竹质人造板主要有竹材胶合板、竹质刨花板、竹编胶合板。按生产工艺可分为竹材胶合板、竹材集成材、竹编胶合板、竹帘胶合板、竹篾层压板、竹材胶合模板、竹材刨花板、竹木复合胶合板、竹木复合层积材、竹木复合地板、强化竹材刨花板等。

竹材胶合板强度高、硬度大、弹性好、幅面大、变形小，是一种良好的工程结构材料，已在车辆制造和建筑部门等广泛使用。我国研究开发的高强度竹胶合模板，是采用经特殊加工处理的毛竹作基材制成的。它可以代替木材、钢材制成建筑模板，还可制成地板、墙板等建筑材料及汽车车厢和火车车厢的底板、包装厢板等。

竹质刨花板是利用木质刨花板的加工设备，参照木质刨花板的加工工艺，以竹黄为主要原料制成的。产品的质量和性能都能与木质刨花板媲美。竹质刨花板制成的模板，可连续使用 5 次以上，而且密度较小，易脱模，特别适用于高层建筑。

竹编胶合板是先将竹材劈成很薄的竹片，然后把竹片编成竹席，再在竹席上涂胶，几张竹席经热压而制成，其生产工艺较简单。

竹集成材和竹材地板主要用于替代珍贵树种木材制作竹家具、竹制品、室内装修和铺设地板，具有重要的经济价值；厚型竹材集成材既可作为结构材料又可作为装饰材料等。

(2) 竹浆造纸

竹林生产可以持续利用，不断供给工业原料。竹林单位面积年产纤维量比一般针阔叶树林高 1~2 倍。在我国造纸原料中，木浆所占的比重仅为 20% 左右。而在世界上造纸工业发达的国家，木浆在整个造纸原料结构中所占比例达 95%。根据我国的森林资源现状，造纸工业原料结构不可能像美国、芬兰、加拿大那样以木浆为主，但可以用竹浆代替木浆，生产机制纸。印度是世界上用竹浆最多的国家，在其各种造纸原料中，竹浆所占比例高达 60% 以上。竹子纤维素含量高，纤维细长结实，可塑性好，纤维长度介于阔叶木和针叶木之间，是除木材之外最好的造纸原料，适宜于制造中高档纸，可以替代部分木材原料。缅甸、印度为世界上主要将竹材用于制浆造纸的国家，也是中国竹浆纸产品的主要进口贸易伙伴。中国竹材制浆造纸对于弥补木材制浆造纸原料资源的严重短缺具有重要替代作用。可使用 100% 竹浆生产的纸种有牛皮纸、袋纸、弹性多层纸、包装纸、优质书写纸、证券纸、复写纸、纸板、印刷纸、新闻纸等。

我国利用竹材造纸的历史悠久，据史料记载始于西晋时期，至今已延续了 1 700 余年。但是在最近几年，竹类纤维在我国的造纸工业原料中的比例仅占 1. 7% 左右，竹类资源未得到充分利用。

(3) 农业

很早以来，亚、非、拉产竹国家的人民，就用竹建造房屋，制作生产、生活用品及文化娱乐用具。食用竹笋，用竹林避风、遮阳，改善居住环境等。人的衣、食、住、用、行等方面，都与竹子有密切的联系。中国农业人口众多，他们的农业生产用具和生活用具，很多都是竹子制造的。特别在南方农村，农民的衣、食、住、行、用等，都与竹子有密切的关系。

(4)手工业

中国手工业生产竹制品，历史悠久，品种繁多，制作技艺高超，能用竹子制作出各种用品。如用竹编制出各种人物、动物形象，用竹竿制作各种管弦乐器，用竹箨、叶编制凉帽、地毯，用竹蔸雕塑出各种山水、人物形象。中国竹制品除满足国内市场外，每年都向世界几十个国家出口。韩国的竹钓竿和东南亚国家的竹乐器、竹编等，也畅销世界各地。

竹编织品，产品丰富，包括竹席、竹帘、竹毯、竹篮筐、竹凉席、竹伞、竹扇等竹制日用品与竹工艺品，产品非常丰富，已实现机械化生产。竹凉席是中国日用竹制品的大宗产品，在南方各省份均有生产。中国是世界竹席、竹帘最大的生产国和出口国。

此外，日常消费常见的主要有竹筷、竹签等。竹筷、竹签对木筷、木签的替代作用，将是世界市场所需的大宗产品。

(5)建筑业

竹子质轻坚韧、抗拉、耐腐，是理想的天然建筑材料。竹亭、竹楼、竹屋自古有之。竹材在建筑工程中用途很多，例如，建筑推架、脚手架、地板、竹瓦、竹板墙、篱笆墙、竹水管、竹筋混凝土等。在南方旅游风景区中，用竹材建造楼、台、亭、牌坊、长廊、围篱、餐馆等，十分普遍。中国西双版纳和缅甸、越南农村的傣族竹楼，结构独特，美观适用。南美、非洲等产竹区的竹制民居也到处可见。竹建筑成本低廉、技术要求低，质量可靠、经久耐用、容易维护、节省空间。2001 年以来，国际竹藤组织相继在亚洲、非洲实施了一系列竹建筑实地开发和推广项目。“竹子是很好的建筑材料”这一观点已经得到越来越多国际建筑师的赞同。建造相同面积的建筑，竹子的能耗是混凝土能耗的1/8，是木材能耗的1/3，是钢铁能耗的1/50。竹建筑不仅节能，而且成本低廉，建筑质量可靠。

(6)食品加工业

竹笋食品享有“素食第一品”美誉，富含植物蛋白和膳食纤维。竹笋的生长环境无污染，被国际市场认为是最佳的有机食品，不仅为产笋国喜爱，也深得北美、欧洲、大洋洲等无笋地区的喜爱。竹笋是一种全营养的天然食品，含有糖、蛋白质、纤维素和多种矿质营养元素及维生素 A、B、C 等。竹笋作为商品生产的，主要有中国、日本、泰国、越南、菲律宾、韩国等国。我国有丰富的竹笋资源。竹笋食品现已发展到玉兰片、竹笋罐头、保鲜笋、竹汁饮料等。中国是世界上最大的竹笋生产国和出口国。

(7)医药业

竹子的秆、枝、叶、鞭等，都可作为中药，治疗人体疾病。竹叶能清热除烦、生津利尿，竹茹能化痰止吐，竹沥能养血清痰，竹黄能滋养五脏，竹砂仁能治风湿性关节炎和胃病等。

(8)竹炭

竹炭是以竹材为原料经过高温炭化获得的固体产物。按原料来源可分为原竹炭和竹屑棒炭。按形状可分为筒炭、片炭、碎炭和工艺炭等。竹炭细密多孔，表面积是木炭的

2.5~3 倍，吸附能力是木炭的 10 倍以上，具有除臭、除湿、杀菌、漂白、阻隔电磁波辐射等功能，在制药、食品、化学、冶金、环保等领域有广泛用途，并可开发出多种系列环保产品，如竹炭床垫、竹炭枕、除臭用炭、工艺炭等。当竹炭达到饱和状态后，可以通过加热、降压等抽真空的办法为其脱附，这样可以多次重复利用。中国是世界最大的竹炭生产国、消费国和出口国。

竹醋液是竹材炭化时所得到的价值可观的竹醋液液体产物，主要用于净化污水等化学净化，竹醋液还可用做土壤杀菌剂、植物根生长促进剂等。

(9)竹纤维

竹纤维是一种新型竹产品，通过化学及物理方法将竹纤维分离后经过纺织手段制成可裁减布料，应用于服装加工等行业。竹纤维属于高科技绿色生态环保产品。目前生产的竹纤维有两种：一种为竹原纤维，也称天然竹纤维，由于技术原因，天然竹纤维在短时间内还难以实现产业化；另一种为竹浆纤维，也称再生竹纤维，是以竹子为原料，经一定工艺制成满足纤维生产要求的竹浆粕，再将竹浆粕加工成纤维。

(10)观赏与园林

竹子挺拔秀丽，不畏寒霜，质朴无华，枝叶婆娑，深受人们喜爱和推崇，是中国园林的特色之一。意大利、德国、法国、荷兰、英国从亚、非、拉引进了大到毛竹，小至赤竹十几个属 100 多种竹子，大量用于庭园绿化。

6.4 竹类资源的生态效益

竹林除经济效益外，还有调节气候、涵养水源、保持水土的作用。在江、河、湖、库沿岸和上游种植竹子有良好的固土护岸和涵养水源的作用。此外，竹林是大熊猫、金丝猴等珍贵动物的栖息地。

(1)水土保持功能

竹林浓密多层的林冠和众多的竿茎对降水具有良好的截留作用，雨水改变了降落的方向和方式，滞缓了降落的速度，从而减轻了降水对土壤的直接侵蚀和径流对土壤的冲刷，有效地保持了林地水土。

(2)竹林的调节气候功能

竹类植物具有明显的降温保湿及增加降雨的功能，还可以吸附灰尘、净化空气。竹子和树木一样，具有固碳释氧的功能，在缓解气候变化方面发挥着重要作用。

(3)竹林的水源涵养功能

竹林的地下根系发达，每公顷竹林活鞭的长度，毛竹林为 $5 \times 10^4 \sim 17 \times 10^4$m，加之微生物的活动，使竹林土壤疏松多孔，使降水能够较好地渗入地下。因此，竹林可以起到很好的涵养水源的功能。

(4)竹林的生物多样性保护功能

竹林中生长的许多乔木、灌木、草本和藤本植物组成各具特色的物种丰富的森林生态系统。竹林为许多动物提供食物和栖息场所。

6.5　竹林分类

(1)材用竹林

材用竹林是以竹材为主产品进行生产和经营的竹林，我国材用竹林种类多，现有的500多个竹种中，一半以上都可以作为材用竹种，其中不乏材质和材性优良者，如毛竹。

材用竹林又可以分为胶合板竹林、造纸材竹林、建筑竹林。我国毛竹林占全国竹林面积的2/3，是我国用途最广、利用价值最高的竹种，也是世界上首屈一指的面积最大的优良竹种。

材用竹林按经营管理水平分为：Ⅰ类材用竹林(年产竹7~10t/hm^2)；Ⅱ类材用竹林(年产竹3.5~7t/hm^2)；Ⅲ类材用竹林(年产竹3.5t/hm^2以下)。

(2)笋用竹林

以竹笋为主产品进行生产和经营的竹林，而竹材和其他竹林产品为副产品。中国有上百种竹子的竹笋可以食用。但目前规模经营利用的笋用竹种只有30种左右。

(3)材笋两用林

将竹材和竹笋同时作为主产品进行生产和经营的竹林。材用竹林中，年生长的50%~60%的竹笋不能成竹，竹笋可以利用。

(4)纸浆用竹林

纸浆竹林包括：刚竹属、苦竹属、方竹属、次竹属的竹子。集约经营的竹林每公顷可以年生产5t纸或纸浆，粗放经营的竹林年产1~3t纸浆。

(5)特用竹林

满足特殊需求的竹林，如乐器用材林、观赏竹林等。

(6)生态公益竹林

竹子在保持水土、涵养水源、净化大气、美化环境、栖息鸟兽等方面起重要的作用。

6.6　竹子的生长特点

(1)生长周期短、生长速度快

竹子是世界上生长最快的植物，慢时每昼夜高生长20~30cm，快时每昼夜高生长达150~200cm。毛竹30~40天可长高15~18m，巨龙竹100~120天可长高30~35m。

竹子造林后，5~10年就可以采伐利用，一株直径10cm、高20m的毛竹，从出笋到成竹仅2个月，4~6年的材质生长就可以利用，作为造纸原料，当年就可以利用。

(2)产量高

生长较好的竹林，每公顷年可生产竹材20~30t，大大超过一般速生树种的年生长量，超过杉木1倍，与速生杨树相当。

(3)竹材质量好

竹材强度高、刚性好、硬度大，而且收缩量小，弹性和韧性均较好。竹材的缺点是：可利用的部分少，出材率低；容易遭虫蛀，霉变；抗弯强度差；用作纸浆时，不容易蒸煮，特别是竹节部分，影响纤维质量；不容易加工、易劈裂等。

6.7 竹类植物的形态

(1)地下茎

地下茎是竹类植物在土壤中横向生长的茎，有节，节上生根，可以萌发为新的地下茎或出土成竹。地下茎是竹树的主茎，竹竿是竹树的分支，一片竹林地上分生许多竹竿，地下则互相连接于同一或少数主茎。

按形态，地下茎可以分为：单轴型、合轴型、复轴型(图6-1)。

单轴型地下茎细长，横走地下，称为竹鞭。竹鞭有节，节上生根，每节着生一芽，有的芽抽成新鞭，在土壤中蔓延，有的芽发育成笋，出土长成竹竿，这类竹子称为散生竹。

合轴型地下茎不是横走地下的细长竹鞭，而是粗大短缩，节密，并围绕老竹竿，顶芽出土成笋，又称为丛生竹。

复轴型地下茎兼有单轴型和合轴型的繁殖特点，既有在地下作长距离横向生长的竹鞭，又有长出成丛的竹子。

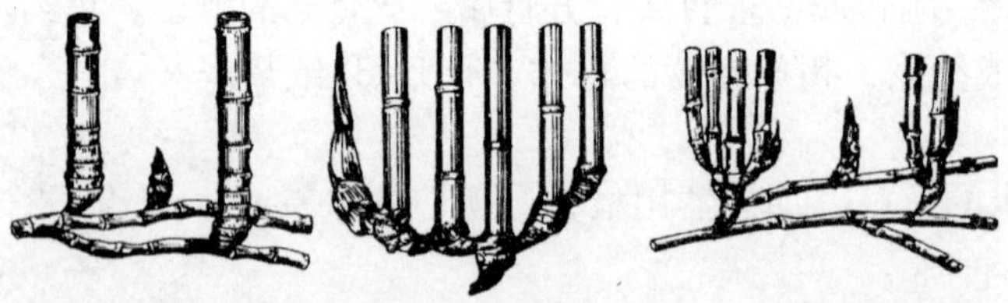

(a)　　(b)　　(c)

图6-1　竹子的地下茎

(a)单轴型　(b)合轴型　(c)复轴型

(2)竹竿

竹竿为竹子的主体，竹竿由竿柄、竿基和竿茎组成。

竿柄是竹竿的最下部分，与竹鞭或母竹的竿基相连，细而短。节间极为短缩，起着物质和能量的输送作用。

竿基是竹竿的入土生根部分，由十余节组成，粗而短。

竿茎是竹竿的地上部分，端正通直。每节间有两环，上环称为竿环，下环为箨环，中间部分称节间。

竹竿的竿长和竿径的大小因竹种的不同而不同，有的长20m、胸径20cm，如毛竹，也有竿长30m、胸径30cm的龙竹，也有竿长几厘米、竿径几毫米的翠竹。竹竿的表面通常呈绿色或黄绿色，也有一些呈其他颜色。竹竿端正通直，节数多、长度大。竹竿的寿命一般为10年，毛竹20年，到时会枯萎死亡。

(3)竹枝

箨环与竿环间的芽发育成竹枝。竹枝中空有节，竹竿每节生一或数枝(毛竹每节生两枝)，竿茎的下部多无枝。竹枝圆而中空，竹枝具节，节上分枝，分枝上具叶。

(4)竹叶和竹箨

竹枝小节每节生一叶，交错排列成两行。竹子主竿所生之叶称为竹箨，当节间的生长停止后，竹箨脱落。

竹类植物的结构特点是竹连鞭、鞭生笋、笋长竹、竹养鞭。连年生长新竹，连年又有老竹衰退，形成自动调节。

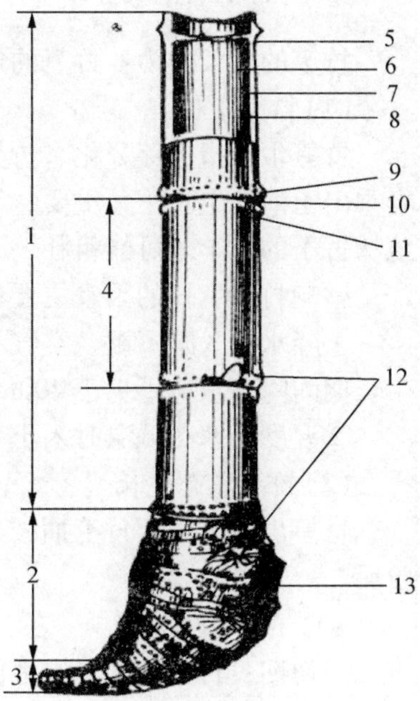

图6-2　竹竿

1. 竿茎　2. 竿基　3. 竿柄　4. 节间　5. 节隔　6. 竹腔　7. 竹青　8. 竹黄　9. 竿环　10. 节内　11. 箨环　12. 芽　13. 根眼

6.8　竹林的生长周期与采伐

6.8.1　竹的生长周期

6.8.1.1　地下茎的生长

竹子的地下茎即是竹林群体中，竹株相互连接并进行物质交换的器官，是吸收矿质营养元素和水分的器官，也是竹类植物繁殖的器官。

(1)竹鞭的年生长

竹鞭的年生长活动始于春季，止于冬季，年生长期一般5~8个月。同种竹类，高纬度和高海拔地区的年生长期低于低纬度和低海拔地区，阴坡较阳坡短。

竹鞭的年生长活动有两种类型，一种是上年度冬季停止活动的竹鞭；另一种是由竹鞭段上的侧芽春季萌发新的竹鞭。

竹鞭的年生长活动呈现：慢—快—慢的节律，7~8月，竹鞭生长速度最快，生长量最大，秋季速度逐渐减慢。

(2)竹鞭生长的横向地性

竹鞭生长的特点是在土壤中横向的蔓延生长。横向的蔓延生长集中在林地土壤上层，以10~30cm深的土层中居多。上层土壤的水、热、气、肥等条件比表层土壤和深层土壤更适宜竹鞭的生长。

竹鞭在坡地上蔓延生长的方向以水平侧和上坡向集中，下坡向鞭梢容易出土而死亡。竹鞭在土壤中横向蔓延并非固定在一个方向，遇到小的障碍则绕行。遇到不可逾越的障碍时，鞭梢折断，等断口附近的侧芽成熟后，又会萌发形成新的竹鞭。

竹鞭的横向生长也不是保持在一个平面上，而是随地形和土壤状况的变化呈上下波浪式推进。

6.8.1.2 竹竿的生长

竹竿的生长分为：竹笋的地下生长、幼竹的竿形生长、竹竿的材质生长。

(1)竹笋生长

竹笋生长指笋芽分化、竹笋形成、竹笋膨大，整个过程都是在土壤中完成的。竹笋春季出土前的生长至关重要，竿基部分的粗细决定性地影响着新竹的粗度，竿基粗壮，该株竹子的竹竿才可能粗壮。

影响竹笋生长的因素主要包括：

①降水　久晴不雨、空气干燥、土壤干燥，则成笋数量少，竹笋生长质量差。竹笋生长期间降水量应不少于400mm，并分数次降落。

②温度　寒冬低温时入土较浅的竹鞭上的笋会冻死，春季低温将抑制竹笋的生长。

(2)竹竿形态生长

竹笋出土生长至竹竿抽枝发叶完成，是竹竿的形态生长阶段，也称竹笋-幼竹生长阶段。

●竹竿的高生长

①初期：竹笋笋尖露出地面，笋体仍然处于土壤中，基部各节继续膨大生长，生长量不大，日生长1~2cm。

②上升期：竹笋生长活动移至地上部分，生长速度逐渐加快，日生长10~20cm。

③盛期：高生长量直线上升，毛竹昼间高生长量可达50~100cm。

④末期：竹竿高度生长速度显著减慢，最终停止。竹枝由下部节向上部节，依次伸展，随后枝叶全部展放。

竹笋出土生长如同大多数植物竿茎高生长一样，呈现慢—快—慢的过程。

●竹竿的节间生长

竹竿节间长度生长与竹竿高生长节奏变化大体对应，即在竹竿高生长初期，节间长度生长量小，上升期节间长度生长量逐渐加大，盛期节间长度生长量最大，末期生长量变小。故节间长度的变化，呈现基部最短、中部最长、再往上直至梢部逐渐变短的趋势。

影响竹竿生长的主要因素是营养条件和气候条件。一株小小的竹笋在短短的数十天内迅速成长为粗壮、高大、枝叶茂盛的新竹，所需的养分和水分全靠鞭—竹系统供给。在土壤肥沃的林地，结构良好的鞭—竹系统，吸收矿质元素和水分能力强，能制造和储藏丰富的营养物质，可以较充分地满足竹笋—幼竹阶段生长的需要，竹笋出土率高，竹笋生长势旺，竹竿生长量大，新竹质量好。

在竹笋—幼竹生长期间砍伐竹子，破坏了以竹—鞭系统为组成单元的竹林结构，立竹变稀，叶面积减少，影响光合产物的制造和积累，以及对水分和矿质元素的吸收。

不当的挖笋作业，大量割断鞭根，割断了竹笋养分和水分的供应链，减少了供应量，导致退笋增加，成竹数大幅度减少，而且新竹质量差。

(3)竹竿材质生长

竹竿形态生长完成后，竹竿不会再长高、也不会加粗，进入材质生长阶段。新竹竹竿幼嫩、含水量高，干物质少，只有成熟竹竿的40%，其余60%干物质靠日后生长。

竹竿的材质生长按照竹子制造光合产物的能力、竹竿干物质重量、竹材力学强度，可以划分为3个阶段：

①增进期　在此期间，随着竹龄的增长，根系吸收面积增大，生活力增强。竹叶面积增加，制造光合产物能力增强。竹子营养物质含量丰富，容积重迅速增加，含水率下降，力学强度增高。竹叶中营养物质的含量增多，同时，立竹所连地下茎抽鞭发笋能力逐渐增强。毛竹的材质增进期一般1~4年生。

②材质稳定期　竹材容积重，力学强度，竹叶营养物质的含量等都稳定在最高水平，其所连地下茎逐渐老化，基本失去抽鞭发笋能力。毛竹的稳定期一般在5~8年生。

③材质下降期　在此期间，随着竹龄的增长，竹株根系吸收面积减少，生活力下降；竹叶面积减少，制造光合产物量下降，加之自身的呼吸消耗和物质的转移，竹竿的重量和竹材的力学强度也相应下降。老龄竹阶段，竹子的生长衰退，容积重、力学强度、竹叶营养物质下降。毛竹一般9~10年后进入老龄竹阶段。

(4)竹叶生长

在竹竿材质生长的数年间，竹叶也在不断地进行更新生长，在竹竿高生长的末期，竹枝抽发之际，叶芽开始分化，竹叶继而展放。竹子通常每年换一次叶，老叶脱落，新叶抽发。唯毛竹例外，两年换一次叶。

6.8.2　竹林的生长与环境

6.8.2.1　生物条件

竹林主要生长分布在热带和亚热带。这里气候温暖、雨量充沛，太阳辐射强，为众多植物生长提供了条件。竹林中，竹子经常与乔木、灌木、草本、藤本植物相伴而生，多样性丰富。在竹林中，伴生植物与竹林生长关系密切。伴生植物多的竹林中，枯枝落叶多，减少地表径流，有利于水土保持，枯枝落叶腐烂增加土壤有机质。伴生植物能改善林内小气候。林内的气温和相对湿度影响竹林生态系统的竹笋及竹竿发育。

6.8.2.2　非生物条件

(1)竹林生长与气候

①竹林生长与温度　温度决定竹子的分布，例如，毛竹自然分布区内，年平均气温12~22℃，极端最低气温-20℃，-20℃成为毛竹向高海拔和高纬度自然分布的限制因子。毛竹越冬生长活动需要一个低温时期，若冬季月平均温度高于10℃，毛竹越冬休眠会受阻。冬季月平均气温高于10℃是毛竹向低纬度、低海拔分布的限制因子。

②竹林生长与降水　年降水量少于600mm的地方，竹林自然分布困难，即使栽植也必须进行灌溉。

竹林不仅出笋长竹期需要充裕的降水，而且在整个生长过程中都需要水分，一项降水与毛竹林更新的研究表明，上年度降雨天数比上年度降水量对新竹竹竿材重量的影响更为密切。

(2)竹林生长与土壤

土壤容重小、团粒结构好、孔隙度大、质地疏松、通气良好的土壤，有利于鞭根的延伸。在土壤结构较好的土壤中，竹鞭较粗，节间长而匀称，年生长量大。土壤结构不好的土壤中，竹鞭较细，节间长短不均，年生长量小。

土壤厚度对竹林生长影响较大，关系到竹地下系统的活动空间的大小，还关系到土壤水分和矿质元素供应情况。土层越厚，立竹的径级越大。

(3)竹林生长与地形

①竹林生长与海拔　随着海拔的逐渐升高，地表温度逐渐降低，土壤湿度逐渐增大。按竹林的海拔分布，可划分为高山竹区、低山竹区、高丘竹区、低丘竹区。高山竹区海拔 1 500m 以上，分布着耐寒的竹子。

②竹林生长与坡向　光照强度总量南坡高于北坡，气温南坡高于北坡，空气湿度北坡高于南坡。坡向影响竹子的生长。

③竹林生长与坡度　林地坡度大小关系到土壤的厚度、有机质，影响到竹林的生长。

6.8.3 竹林的采伐

竹子生长的特点是竹连鞭、鞭生笋、笋长竹、竹养鞭。连年生长新竹，连年又有老竹衰退，形成自动调节。

6.8.3.1 竹林的采伐方式

竹林为异龄林，只能采取龄级择伐。竹子的繁殖主要借地下茎的分生实现，竹鞭年年或隔年发笋成竹，在同一竹林中错生着不同年龄的新老竹，原则上只采伐达到采伐年龄的竹子。

6.8.3.2 竹林的采伐年龄

砍伐幼竹，竹子的力学强度不够，破坏更新基础。采伐过迟，势必采伐老龄竹，立竹活力降低，材质变差。此外，竹株留养太久，占地耗养，林地生产力下降。

采伐年龄最好在材质稳定期，具体采伐年龄依竹种和竹林的经营目的不同而定，如大径竹种的采伐年龄应大些，造纸用竹林应比竿用竹林的年龄小。

在高温多湿的肥厚土壤上，集约经营的竹林生长旺盛持续时间较长，材质稳定期的到来较迟。在低温少雨的瘠薄土壤中，竹子老化快，伐竹年龄应小些。

竹子的年龄单位一般采用“度”：一度为一年生；二度为 2~3 年生；三度为 4~5 年生；四度为 6~7 年生；五度为 8~10 年生；六度为 11~12 年生。

用材毛竹的采伐年龄确定为：存三、去四、不留七。其含义是：三度以下的立竹留养、四度以上的立竹采伐、七度以上不再保留。

采伐竹子时，判断竹子的年龄很重要，一般可采用标号法标明出土年份，往后读其标志就可判断立竹的年龄。也可以根据竹子皮色判断，竹竿的皮色随年龄不同而变异，一般幼龄竹为绿色、中龄竹为黄绿色、老年竹为黄色或古铜色。

6.8.3.3 伐竹季节

春、夏生长季节，为竹液的流动期，竹子的生理代谢旺盛，此时伐竹会引起大量的伤流，伤流营养丰富，容易染菌发酵，导致竹子的腐烂。在生长季节伐竹，常常使竹林退笋增多，新竹矮小畸形，同时竹子的力学性质不好，易腐烂、虫蛀。

冬季伐竹，竹子的生理活动减弱，竹液的流动缓慢。秋冬之时，可溶性的营养物质运输到鞭根贮存起来，竹材的力学性质好，不易虫蛀。

6.8.3.4 采伐量和立竹度(单位面积保留的株数)

立竹度是采伐时，单位面积保留的株数。采伐量多，立竹度少；采伐量少，立竹度就大。立竹度的大小与竹林的新竹产量有密切关系，立竹度小，竹子稀疏，竹叶量少，叶面积指数低，不能充分进行光合作用，新竹产量低。立竹度大，老竹多，消耗大于积累，也不能提高产量。根据实际情况，立地条件好的竹林，立竹度可以大些；集约经营的竹林，立竹度可以大些。

合理的立竹度还应考虑立竹的年龄组成，原则上应以幼壮龄竹为主。尽量做到竹林中疏密均匀。

集约经营的毛竹林，立竹度可为370~450株/1 000m^2，一般竹林为150~200株。毛竹林的株数按年龄的组成为：1、2、3度各占25%；4、5度占25%。

6.8.3.5 竹林采伐方法

竹子采伐原则如下：

①采老留幼、采坏留好、采大留小，采密留稀。

②控制倒向，根据伐区地形，应有利于集材。

③降低伐根：一般伐根应为5~7cm，并应防止破坏竹青和破裂竹竿的竿茎。

④保护母幼竹，枝叶归还土壤。

竹子采伐可采用轻型油锯、砍刀。采伐后可以采用溜放、滑道、肩运、板车、架空索道等集材。集材后，可通过公路或水路运输。

6.9 竹林的更新改造

竹子的更新和树木的更新一样有有性更新和无性更新，利用种子更新的为有性更新，利用营养器官的更新为无性更新。

6.9.1 竹林的有性更新

(1)天然有性更新

竹子与其他高等植物一样也会开花结实，但一般周期较长，多数为60~70年。竹子的结实与开花相伴，竹子开花结实以后，竹竿枯黄死亡，所连地下茎变黑腐烂，失去萌发力，必须重新天然下种或人工更新。

竹子的种子成熟脱落以后，在适宜的气候和土壤条件下，会发芽长成天然下种苗。竹类植物的开花结实率都不高，种子寿命也较短。竹类植物的种子极易丧失发芽力，1~2个月便失去发芽力。

(2)人工有性更新

竹子的人工有性更新指的是利用竹类种子播种繁殖苗木，1/3的苗木能体现竹种的优良遗传品质。竹子劣质苗木造林，由于其地下茎可在整个林地蔓延生长，萌发新的植株，严重影响林分质量，不易清除。

6.9.2 竹林的无性更新

(1)天然无性更新

竹子的天然更新一般为无性更新，就是从地下的鞭根萌芽出笋，成竹。

(2)人工无性更新

人工无性更新的方法主要包括：

①利用原有的鞭根萌芽成林　秋冬季采伐竹子，采伐时尽量降低伐根，将采伐剩余物收集成堆或平铺林地。在原竹林地下系统健全，立竹数量较多的情况下适用。

竹子开花影响竹林的持续利用，故改善水肥条件，促进竹鞭的不断发笋，就可能推迟竹子的开花。此外，竹子经营中还包括除草，松土等辅助措施。

②竹林复壮　经长期采伐利用，竹子地下鞭根老化、死亡，新鞭蔓延受阻，新竹产量降低，可以采取复壮的措施。一般在冬季，深翻30cm左右，除去竹林土壤中的老鞭、石块，保留健壮竹鞭施肥。

③散生竹类的移鞭繁殖　选2~4年生的健壮竹鞭，在竹鞭出笋前1个月左右进行。挖出竹鞭后，切成60~100cm为一段，多带宿土，保护好根芽，种植于穴中，将竹鞭卧平，覆土10~15cm。

④丛生及混生竹类的人工栽植　选择生长旺盛的1~2年生竹竿，在离其杆25~30cm外围，扒开土壤，找出其杆柄，然后用利凿切断其杆柄，连蔸带土掘起。一般丛生竹的竹蔸上的芽，都具有繁殖能力，故可采用移竹的方法繁殖。

第 7 章

造材与贮木场作业

7.1 原木的材种和原木标准概述

原木的材种是对原木用途的分类，原木的标准化是社会化大生产的需要，是木材交易的需要。我国现行的主要原木产品标准包括：

(1)小径原木标准(GB/T 11716—2009)

①用途　农业、轻工业、手工业木制品及民需其他用料。

②树种要求　所有针阔叶树都可以。

③尺寸要求

检尺长：2~6m，按0.2m进级，长级公差允许+6/-2cm。

检尺径：4~13cm；直径按1cm进级，不足1cm舍去。

(2)造纸用原木标准(GB/T 11717—2009)

①用途　造纸，要求纤维用材，材色浅、易漂白、纤维长、无腐朽。

②树种要求　马尾松、桉树、杨树、云杉等。

③尺寸要求

检尺长：1~4m。

检尺径：自4cm以上。

(3)直接用原木—坑木标准(GB 142—2013)

①用途　矿井作支柱、支架。

②树种要求　松科树种、杨木，硬阔叶树等。

③尺寸要求

检尺长：2.2~3.2m、4m、5m、6m。

检尺径：12~24cm。

(4)檩材标准(LY/T 1157—2008/XG1—2009)

①用途　民房屋顶结构直接用原木。

②树种要求　针叶树、杨木及所有硬阔叶树种。

③尺寸要求

检尺长：3~6m。

检尺径：8~16cm。

(5)椽材标准(LY/T 1158—2008)

①用途　民房屋顶结构直接用原木。

②树种要求　针、阔叶树种。

③尺寸要求

检尺长：1~6m。

检尺径：3~12cm。

(6)旋切单板用原木标准(GB/T 15779—2006)

①用途　适用于制作胶合板的旋切单板用原木。

②树种要求

针叶树：马尾松、云南松、樟子松、落叶松、云杉等。

阔叶树：椴木、水曲柳、桦木、枫香、杨木、槭木、木荷、拟赤杨等。

③尺寸要求　适合胶合板的尺寸。

检尺长：2m、2.6m、4m、5.2m、6m。

检尺径：自26cm以上，按2cm进级。

(7)特级原木标准(GB/T 4812—2006)

①用途　适用于高级建筑装修、文物装饰、家具、乐器和各种特殊用途的优质原木。

②树种要求

针叶树：红松、樟子松、华山松、云杉、杉木、柏木、落叶松、马尾松、沙松等。

阔叶树：水曲柳、核桃楸、榉木、楠木、檫木、香樟、麻栎、柞木、青冈、荷木、榆木、椴木、白桦等。

③尺寸要求

检尺长：针叶树4~6m，阔叶树2~6m；按0.2m进级，长级允许偏差(+6、0)cm。

检尺径：杉木、柏木自20cm以上，其他树种24cm以上。

(8)刨切单板用原木标准(GB/T 15106—2006)

①用途　刨切单板一般很薄，可覆贴在刨花板、中密度纤维板和胶合板等板材的表面上使用，是高档家具、乐器及建筑装饰的主要材料。

②树种要求　由于用作贴面材料，要求木质结构均匀，花纹美观、色泽鲜艳，黏胶性能好。

针叶树：红松、落叶松、云杉、冷杉、红豆杉、福建柏、陆均松等。

阔叶树：水曲柳、柞木、核桃木、桦木、椴木、榆木、黄波罗、水青冈、泡桐、荷木、樟木、楠木、榉木、柚木、桃花心木、枫香等。

③尺寸要求

检尺长：2m、2.6m、4m、5.2m、6m。长度公差：(+6、-2)cm。

检尺径：20cm以上，2cm进级。实际尺寸不足2cm时，足1cm增进，不足1cm舍去。

(9)锯切用原木标准(GB/T 143—2006)

①用途　锯割成板、方材。适用于建筑装饰、家具、船舶、车辆、胶合板、乐器、工艺品、文教用具、体育器具等。

②树种要求　针、阔叶树种。

③尺寸要求

检尺长：针叶树2~8m，阔叶树2~6m。

检尺径：14cm以上。

(10)木杆标准(LY/T 1507—2008)

①用途　农具、工具、棚架、木制构件。

②树种要求　针、阔叶树种。

③尺寸要求

检尺长：1~6m。

检尺径：3~8cm。

针叶树种类少，阔叶树种类多。温带及以北地区树种少，且多为针叶树，热带树木种类繁多，多为阔叶树。

针叶树纹理通直、胀缩性小、不翘曲、不开裂、耐腐蚀、握钉力强、油漆性能好、硬度适中，是建筑用材的首选。热带木材普遍较硬，斜纹理多，加工困难，但多有美丽的花纹和颜色，适合做装饰用材。

7.2　木材的缺陷及木材的等级

木材的缺陷是指影响木材使用的各种缺陷，这些缺陷的原因可能是生长中形成的，也可能是采伐和贮存中形成的，《木材缺陷》(GB/T 155—2006)是木材分等的重要依据。

7.2.1　木材的缺陷

7.2.1.1　节子

(1)节子的类型

节子是包含在树干或主枝木材中的枝条部分，分为活节和死节。

①活节　树木的活枝条形成的，节子与周围木材紧密连生，质地坚硬，构造正常。

②死节　树木枯死枝条形成的，节子与周围木材大部或全部脱离。树枝枯死时，树枝形成停止生长，但绕过树枝的主干形成层还继续分生，树枝和树干间的木材组织的连续性就破坏了，节子与周围木材产生脱离，通常称为死节，在板材中有时脱落而形成空洞。

(2)节子对材质的影响

节子是树木的正常生理现象，但却是木材使用的缺陷。

节子破坏了木材构造的均匀性和完整性，影响木材的抗拉、抗弯强度。节子还降低了木材物理力学性能，因节子的纹理方向与木材纵向成一定的角度，同时还使周围木材纤维产生弯曲，产生乱纹，改变了木材各向的物理力学性能，含节子的木材明显降低了抗弯强度和顺纹抗压强度。此外，节子影响木材加工性，活节、死节本身硬度比周围木材大，增加了切削阻力，难以加工，死节还往往形成孔洞。节子影响木材利用率和制品质量，承重木构件应加以限制。

节子是评定木材等级的主要因子，据统计，70%~90%的场合下，木材等级取决于节子。一些用途的木材对节子有所限制，例如，坑木，在全材长范围内不许有漏节；旋切单板用原木，全材长范围内不许有漏节；小径原木，漏节全材长范围内1个。但节子可以构成美丽的木纹图案，所以带节子木材又是优良的装饰材料和家具材料。

预防节子最有效的方法是通过营林的适时抚育采伐和打枝，培育少节或无节良材。

7.2.1.2 变色

变色是木材正常的颜色发生了改变，可分为化学变色和真菌性变色。

(1)化学变色

新伐或新锯解的木材曝露于空气中，由于化学反应产生浅棕红色、褐色、橙黄色。

化学变色对材质的影响一般比较均匀，仅限木材表面，深度1~5mm，对木材力学性质无影响，但有损装饰材的外表(如胶合板)。化学变色经干燥后即退色变淡。

(2)真菌性变色

分为霉菌变色、变色菌变色、腐朽菌变色。

霉菌变色、变色菌变色均对木材的强度影响不大，不会引起腐朽。腐朽菌变色是木腐菌侵入木材初期的象征，是腐朽的第一阶段，最常见的是红斑，有的呈浅红褐色。

变色按部位分有心材变色和边材变色。心材变色指活立木在变色真菌和腐朽真菌的作用下，心材产生不正常的变色条纹。边材变色指在变色真菌的作用下，原木或锯材的边材部分出现的变色。

7.2.1.3 虫害

虫害又称蛀孔，是昆虫蛀蚀木材留下的沟槽和孔洞。不同的害虫对木材危害不同，有的只危害树皮、边材，有的蛀入木质内部。

主要的害虫有：天牛、吉丁虫、象鼻虫、树蜂、小蠹虫、白蚁。以吉丁虫、天牛及白蚁危害最严重。

大多数木材害虫主要以幼虫蛀蚀木材，危害的主要对象是新采伐的木材、枯立木以及衰弱立木，有时也会侵害健全立木。

各种害虫的危害程度不同：有的蛀入木质内部但虫眼较浅，有的深入内部。小蠹虫只危害树皮及圆材表面，虫眼小而浅，天牛和吉丁虫则钻入木质部深处，其幼虫在木材中可生活数月至数年之久。

白蚁专门危害已伐倒的树木或建筑构件的木材，危害木材的内部，遗留下未受破坏的外表，受害木材塌陷前都难以察觉木材内已成蜂窝状破坏。

(1)虫眼的种类

按侵入木材的深度，虫眼分为：表层虫眼，其径向深度小于3mm；浅层虫眼，其径向深度小于15mm；深层虫眼，其径向深度大于或等于15mm。按虫眼直径的大小分为：小虫眼，大虫眼。

(2)虫眼对木材力学强度的影响

表面虫害和虫沟常可随板皮一起锯除，故对木材的利用基本上没有什么影响。分散的小虫眼影响也不大。

危害较大的是深度在10mm以上的大虫眼和深而密集的小虫眼，能破坏木材的完整性，并降低其力学性质。

虫眼是引起边材变色和腐朽的重要通道，容易造成真菌腐朽。许多用途的原木根据虫眼确定等级，例如，锯切用原木根据虫害确定等级。

预防蛀孔最有效的方法是加强木材科学管理，保证按标准归楞，保持楞垛通风干燥，发现害虫及时处理。

7.2.1.4　腐朽

木材腐朽是由于腐朽菌侵入木材引起的，严重影响木材的物理力学性质，使木材强度降低，可能直至为0。

腐朽分边材腐朽(外部腐朽)和心材腐朽。

(1)边材腐朽

边材腐朽是树木伐到后，木腐菌自边材外表侵入形成的，又称外部腐朽。通常枯立木、倒木容易引起边腐。木材保管不善是形成边腐的主要原因，如遇合适条件，边腐会继续发展。

(2)心材腐朽

心材腐朽是立木受木腐菌侵害形成的心材部分的腐朽，多数心材腐朽在木材伐倒后不会继续发展。

腐朽也可以分为：白腐和褐腐。

①白腐　由白腐菌造成的，木材显露纤维状结构，外观多似蜂窝状，筛状，称筛孔状腐朽。颜色多为白色，浅淡黄色、浅红褐色。

②褐腐　由各种褐腐菌破坏木材纤维形成的，木材颜色呈红棕色或褐棕色，褐腐后期，受害木材可捻成粉末，又称粉末状腐朽或破坏性腐朽。

白腐有时还能保持木材一定的完整性，褐腐对强度的影响最为显著，褐腐后期，强度基本上接近于0。

对于腐朽材的使用应严格加以限制，尤其是承重结构。腐朽木材用于造纸，纤维得率和纸张强度下降，用于薪炭材，炭的产量和木材燃烧热值下降。

木材使用中，腐朽是严格限制的缺陷，例如，坑木，在全材长范围内不许有边材腐朽、心材腐朽；特级原木，边材腐朽、心材腐朽全材长范围均不许有；旋切单板用原木，边材腐朽全材长范围内不许有；锯切用原木，根据边材腐朽、心材腐朽分等级；造纸用原木，边材腐朽厚度不得超过检尺径的10%，心材腐朽面积不得超过检尺径断面面积的25%。

7.2.1.5　裂纹

(1)按类型和特点分类

①端裂　分为径裂、轮裂(年轮与年轮之间而出现的开裂称为轮裂)。

②纵裂　在原木的材身与端面同时出现裂纹。

(2)木材出现裂纹的原因

①干裂　所有木材干燥时都能产生裂纹。大多是由木材表面向内干裂。木材干燥时，首先从表面层蒸发水分，到一定程度，表层木材开始收缩，但此时邻接内层木材含水率仍较高，不发生收缩，表层木材的收缩受到内层木材的限制，产生裂纹。干裂预防的有效措施是在造材和木材保管过程中要注意木材中水分的变化速度。

②冻裂　由于低温引起的径向纵裂，由于霜冻使树干外部收缩随即又遇气候暖和而膨胀。

③劈裂　树木或伐倒木在采伐、集材过程中，受到巨大冲击，产生纵裂。

木材裂纹对木材使用的影响主要包括：破坏木材的完整性，降低木材的强度，尤其是顺纹抗剪，横纹抗拉强度影响较大。裂纹，特别是贯通裂破坏木材的完整性，明显降低木材的物理力学性能。木材裂纹降低木材的利用率，在接合处，承重木构件对裂纹应加以限制。木腐菌易从裂隙侵入，木材害虫在裂缝中产卵。加工用材均将裂纹列为缺陷，但可用于造纸。

7.2.1.6　木材干形缺陷

(1)弯曲

弯曲是由于树干变形使原木纵轴偏离两端面中心连接的直线所产生的缺陷。按形状分为单向弯曲和多向弯曲。

弯曲对木材使用的影响主要表现在：弯曲木材影响木材的抗压强度，弯曲木加工锯材不仅降低出材率，且使锯出的木材多斜纹，降低强度。

供旋切和支柱用材时，应对弯曲加以限制。但弯曲有利于造船等弯曲构件的制作。

弯曲常见于各种树种，但有些树种在自然条件下容易形成弯曲木，如部分阔叶树。有些树种则比较通直，如大部分针叶树。形成弯曲的原因很多：如顶芽死亡，由侧枝替代；或由于风力、树冠重心偏移等，使树干受侧向力。

弯曲木材的利用原则是变大弯为小弯，见弯取直。

(2)尖削

尖削指树干下部直径与上部直径相差悬殊的现象。尖削度的产生是树木保持直立稳定性的生理需求。指通常郁闭度大的林地生长的林木尖削度小，孤立木或林木稀疏地带生长的林木，往往有较大的尖削度。

尖削的圆材加工，容易产生斜纹，降低强度，并增加废材量。

弯曲、尖削的树木可以通过合理密植措施预防。

(3)树包

树包形成原因的是立木常因枝条折断或树干局部受伤后，在愈伤组织保护和增长过程中，由于真菌的活动而形成封闭或开口式不同形状和大小的鼓包。树干局部明显突起，包内常有不同程度的腐朽或空洞。树包可以通过贴平树干打枝的措施处理。

(4)大兜和凹兜

大兜指树干根基特别肥大的部分，呈圆形或近圆形，它是树干根端直径特别增大，但不很高的部分。大兜材常发生在热带的一些树种，它的形成原因大致是树木保持独立稳定性的生理需求。大兜对材质的影响与尖削材相同。

凹兜指树干靠根基部分凹凸不平的现象，在原木端面呈波浪形，而在原木侧面上呈纵深的凹状沟，形成原因与大兜同，通常凹兜与树木的板根同时存在。凹兜是热带树种的一个明显特征。凹兜是根雕及高级工艺品的好材料，也是装饰微薄木的好材料。

7.2.1.7　木材构造缺陷

(1)扭转纹与斜纹

扭转纹是原木材身木纤维排列与树干纵轴方向不一致而形成的呈螺旋状纹理。原木的扭转纹锯切成板材时，在板面上形成斜纹，会严重降低强度。扭转纹对抗弯、抗冲击等强度的影响较大。

扭转纹形成的机理是由于受生长环境的影响，而使原木身上的纹理呈螺旋状排列，多出现在树干基部，尤其是稀疏林木或孤立木。也有属于树种固有习性形成的，如大叶桉、荷木、龙眼等树种。

减少扭转纹与斜纹理的主要措施是加强林木的经营管理和无节良材的良种选育工作。

(2)双心或多心

双心或多心是指原木的一端有两个或多个髓心并伴随独立的年轮系统，而外部被一个共同的年轮系统所包围，其特点是横截面多呈椭圆形。

双心或多心主要是不合理造材而形成的，增加木材构造的不均匀性，容易引起翘曲和干裂。

(3)偏枯

树木在生长过程中，树干局部受创伤或烧伤后，因表层木质枯死裸露而形成偏枯。通常沿树干纵向伸展，并径向凹进去。

(4)夹皮

树木受伤后继续生长，将受伤部分的树皮和纤维全部或部分包入树干而形成夹皮，伴有径向或条状的凹陷。夹皮在锯材中常引起木材组织分离，造成裂隙。

(5)树瘤

树干上局部木材组织不正常增长形成的瘤状物是树瘤，外形多样，多见于阔叶树，很少见于针叶树。树瘤木材比树干部分的木材密度和硬度高，树瘤改变树干局部纹理方向，使木材局部强度降低。但树瘤木材能切出非常美丽的花纹，所以是很好的装饰材料。

7.2.1.8　木材变形

木材变形是木材在干燥、保管过程中所产生的形状改变，分为翘曲和扭曲。变形降低了木材的利用率。

7.2.1.9　木材损伤

木材损伤指树木受了人为的机械损伤，如采脂、采伐、造材、运输过程中，木材因各种工具或机械作业造成的损伤。

①采脂伤。树干木质部由于采脂或割胶造成的损伤。

②砍伤或锯伤。木材因受刀斧砍或锯割而造成的刀斧口或锯口伤。

③抽心。树木伐倒时，树干部分未锯透的部分产生抽拔或撕裂所造成的损伤。

④锯口偏斜。木材截端面与轴心线不垂直造成的偏斜缺陷。

⑤风折木。树木在生长过程中，受强风气候因素的影响，使其部分纤维折断后，又继续生长而愈合所形成，因其外观似竹节，故又称竹节木。

⑥磨损。原木在运输过程中因摩擦而造成的损伤。

机械损伤破坏木材的完整性，降低木材质量，使木材难以按要求加工使用。同时视受伤部位，尺寸大小，对木材的力学强度有一定影响。

7.2.2 木材缺陷的检量与等级评定

7.2.2.1 木材的等级

木材的等级确定主要依据其所具有的缺陷，有两种或两种以上的缺陷时，以降等最低的缺陷为准。旋切单板、刨切单板，特级原木、坑木均未分级。

7.2.2.2 木材缺陷的检量

(1)节子检量

节子的检量包括以下内容：

①节子个数　漏节不论大小，均应查定全材长范围内的个数，还应计算节子直径。

②节径比

$$节径比 = 最大节子直径/检尺径$$

木材缺陷中的节子评定以节子个数的多少及节径比为标准。

例如，特级原木要求任意 1m 材长范围内，节子直径不超过检尺径 15% 的个数，限制在针叶树最多 2 个，阔叶树 1 个。

旋切单板用原木要求任意 1m 材长范围内，节子个数，针叶树最多 8 个，阔叶树最多 4 个，节子直径不得超过检尺径的 30%。

刨切单板用原木要求节子直径不超过检尺径的范围为阔叶树为 15%，针叶树为 10%，任意材长 1m 范围内允许个数是阔叶树最多 5 个，针叶树数量不限。

(2)腐朽检量

①边腐　通过腐朽部位径向量得的最大边腐厚度，单位 mm。缺陷表示方法为

$$边材腐朽比率 = 边腐厚度与检尺径相比的百分率(\%)$$

例如，刨切单板用原木要求大头最大腐朽厚度不超过检尺径的 5%，小头不允许有。旋切单板用原木要求边材腐朽全材长范围内不允许有。

②心材腐朽　直接检量心材腐朽的直径，椭圆形的计算平均直径。缺陷表示方法采用

$$心材腐朽比率 = 心材腐朽直径与检尺径相比的百分率(\%)$$

例如，特级原木要求腐朽直径不得超过检尺直径的百分比：大头 10%，小头不许有。锯切用原木要求以心材腐朽评定等级时，以腐朽直径不得超过检尺径的百分比，划分等级。造纸材要求心材腐朽直径不得超过检尺径的 65%。

(3)虫眼的检量

根据径向深度，表层虫眼指径向深度 <3mm；浅层虫眼指径向深度小 <15mm，深层虫眼指径向深度≥15mm。表面虫眼不必检验，但它的存在应予以标注。

浅层虫眼和深层虫眼应检测虫眼的大小和深度，记录检尺范围内虫眼最多部位 1m 范围内的个数和全材长的虫眼个数。大块虫眼按影响的长度计算。

例如，小径原木要求任意材长 1m 范围内的个数不能超过 10 个；刨切单板用原木要求虫眼检尺长范围内不允许有；旋切单板用原木要求虫眼最多 1m 材长范围内的个数，针叶树不得超过 10 个，阔叶树不得超过 5 个。

(4)裂纹的检量

纵裂应检测端面裂纹的宽度和沿材身方向的长度。在原木的材身与端面同时出现裂纹时，可用纵裂的长度与检尺长相比的百分率(%)表示。

例如，刨切单板用原木要求纵裂长度不超过检尺长的 10%。

端裂分为径裂、轮裂，单径裂可用裂纹宽度或其与原木直径的比表示。

(5)弯曲的检量

弯曲木材降低抗弯、抗压强度，影响出材率。

①单向弯曲的检量　检测最大弯曲处在全长度偏离直线的拱高，用拱高与内曲水平长的百分比表示或拱高与检尺径的比表示。

②多向弯曲的检量　检测检尺长度内最大弯曲处的拱高，用拱高与内曲水平长的百分比或与检尺径比值表示。评定等级以拱高最大的为准。例如，特级原木要求最大弯曲处拱高与内曲水平长的百分比不得超过：针叶树 1%，阔叶树 1.5%。

(6)扭转纹的检量

木材纤维排列不正常，出现斜纹理，并呈螺旋状。扭转纹降低木材抗拉、抗弯强度，制成板材容易翘曲。

在小头材长 1m 的范围内，检量扭转纹起点至终点的倾斜高度，单位为厘米。用倾斜高度与检尺径的比百分率(%)表示。

例如，特级原木要求小头材长 1m 范围内，倾斜高度不得超过检尺径的 10%。

(7)尖削的检量

应检测大头直径和检尺径，以其差值占检尺长的百分比表示。

(8)偏枯的检量

检量径向深度，单位 cm，表示方法为径向深度/检尺径。例如，锯切用原木以偏枯确定等级时，要求按径向深度不超过检尺径的百分率(%)确定等级。刨切单板用原木要求偏枯深度小于检尺径的 5%。

(9)夹皮的检量

应检测内夹皮的最大厚度，用最大厚度或最大厚度与检尺径的比值表示。

7.3 原木尺寸的检量

7.3.1 原木检量的基本概念

原木检量指对原木长度和直径的检量。

①材长以米为单位，量至厘米，不足 1cm 的舍去。

②直径以厘米为单位。

③宽度和厚度以毫米为单位，不足 1mm 不计。

④材积以立方米为单位。

原木的检尺长和检尺径是木材标准中规定的长度和径级。例如，刨切单板用原木规定检尺长为：2m、2.6m、4m、5.2m、6m；检尺径为 20cm 以上，按 2cm 进级。

检尺长和检尺径的意义在于：便于木材的商品化管理；便于供需双方在生产、使用上定型设计；简化尺寸种类，减少分级归楞量。此外，根据检尺长度和检尺直径可查材积表得到材积。

7.3.2 原木的材长和检尺长

(1)材长

材长指原木两个端面间的最短距离。原木的材长是在大、小头两端面之间相距最短处取直检量，量至厘米，不足厘米者舍去。

(2)检尺长

检尺长是木材标准中规定的长度。

例如，坑木检尺长规定为：2.2~3.2m、4m、5m、6m；旋切单板用原木检尺长规定为：2m、2.6m、4m、5.2m、6m。

特级原木检尺长，针叶树规定为 4~6m；阔叶树规定为 2~6m，按 0.2m 进级，长级允许偏差(+6、0)cm。

检尺长检量中，如检量的材长小于原木标准规定的检尺长，但不超过负公差，则仍按标准规定的检尺长计算，超过负公差则按下一级检尺长计算。

例如，刨切单板用原木规定检尺长为：2m、2.6m、4m、5.2m、6m；长度公差为 +6cm，-2cm。

(3)直径和检尺径

①直径　指原木去皮后的实际直径，单位 cm；短径指通过原木断面中心的最短直径；长径指通过原木断面中心的最长直径。

②检尺径　指木材标准中规定的原木小头直径。

原木检尺径的检量：通过小头端面中心先量短径，再垂直检量长径，长短径之差 2cm 以上的，以其长短径的平均数经进舍后作为检尺径。长短径之差小于 2cm 的，以短径进舍后为检尺径。

原木检尺径不足 14cm 的，以 1cm 为增进单位，实际尺寸不足 1cm 时，足 0.5cm 的增进，不足0.5cm的舍去。检尺径14cm以上，2cm为一个增进单位，实际尺寸不足2cm的，足1cm增进，不足1cm舍去。例如，旋切单板用原木规定自20cm以上，按2cm进级；刨切单板用原木规定自20cm以上，按2cm进级。

特殊情况的直径检量：小头下锯偏斜，检量直径时，尺杆应保持与材长呈垂直方向。双心、三心材，检尺径应在原木的正常部位检量。偏枯、夹皮，可用尺杆横贴原木表面检量；大头已脱落的劈裂原木，应让长级。

7.4　合理造材与资源节约

合理造材指的是对木材长度合理利用和将木材缺陷合理分布(包括影响木材力学强度和使用的缺陷，如死节、漏节、虫眼、腐朽等)，将原条锯截成符合市场要求和国家标准的原木。

7.4.1　合理造材原则

在木材生产过程中，合理造材是充分利用资源、节约木材和提高木材产品质量的一项重要环节。在木材生产中，造材应遵循的原则是：

①根据质量和测量的要求，充分利用原条的全部长度，提高造材率。

②材尽其用，优材优造、劣材优造。

③应先造特殊材，后一般材。

④先造长材，后造短材。

⑤先造优材，后造劣材(优材不劣造，坏材不带好材)，提高经济材出材率。

⑥在符合国家木材标准的前提下，按用材部门提出的要求进行造材。

具体说：在执行“原条造材专业标准”的同时，注意以下原则：

①树干通直、节子小、无病腐的健全原条造材应优先造特级原木、长材。

②多节原条造材应将节子多，节径大的区段造成直接用原木，造加工用原木时，可将节子集中或分散，提高每段的等级。

③腐朽原条造材尽量将腐朽部分集中在一段原木上，避免好材带坏材、坏材带好材。

④树干形状缺陷原条造材应截弯取直、尖削度大的原条应造短材，避免造长材，防止材积损失。

⑤有虫眼原条造材应根据虫眼的大小和密集程度，决定将虫眼分散或集中在一段原木上，以提高原木的综合材质，或造对虫眼不加限制或限制较宽的一般用材。

⑥木材构造缺陷原条造材，如扭转纹原条应多造直接用材(如造纸材、纤维材)；损伤原条造材也多造直接用原木等。

⑦另外，造材时要实行原条拨开造材，保持树干所锯横断面的平整，防止锯口偏斜，不应锯伤邻木，不应出劈裂材，以减少造材过程中木材的损伤和浪费，提高等级品率，提高原木产品质量。

有研究表明：以130株杉木人工林采伐样木资料为基础，采用7种不同的造材方式进行实际造材，对不同造材方式的出材率和平均销售单价进行比较。分析结果表明，不同造材方式的出材率、平均销售单价之间均有显著差异。杉木人工林不同造材方式出材率最大的为88.04%，出材率最小的为85.94%。

不同的生长年份，不同径级木材的木质并非完全一样，用途也可以不同。应该避免大材小用、优材劣用、浪费木材。如大径级树干用作锯材和胶合板材，中径级的用于加工用原木或造纸制浆，小径级的用于造纸、纤维板和刨花板生产原料、薪炭材等。弯曲，小径的次加工材用作造纸、纤维板和刨花板生产原料，这样就能做到材尽其用。对于枯立木、风折木、火烧木、梢头等符合原木标准的，都要造材利用，做到充分利用。

7.4.2 充分利用采伐剩余物

木材生产中的抚育采伐和主伐均会产生大量的树枝、树梢、截头等剩余物。

当前，我国采伐造材所得的原木的材积仅为立木蓄积量的65%左右，其余均作为剩余物。例如，福建省年产原木 $500\times10^4m^3$，就有 $180\times10^4m^3$ 的剩余物（其中采伐剩余物 $150\times10^4m^3$，造材剩余物 $18\times10^4m^3$，木材加工剩余物 $12\times10^4m^3$），按3:1折合为原木材积，其产量为 $60\times10^4m^3$。因此，进行采伐剩余物的合理利用，将会缓解森林资源紧缺和木材供需的矛盾，实现工业生态学中的物质减量化目标。

通过延长产业链，树根、树枝、树皮、树叶、锯末在内的各种剩余物均能得到有效利用。目前采伐剩余物利用的途径主要包括：

①小木制品加工，如利用采伐剩余物生产地板块，小规格板方材（包装箱板），细木工板（芯板）等。

②枝丫材削片加工成木片用作纤维板、刨花板生产，造纸原料等。

③许多树木中的树干、树皮、树根、树叶、果壳中，均含有纤维素、木素、单宁、色素等化学物，经加工、提炼可制成栲胶、化学漆、松节油、松针油、松针粉、松针膏等化工原料等。

采伐剩余物利用的主要问题是剩余物分散，小集中搬运距离较远，功效低，工人的劳动强度大。采伐剩余物密度小，体积大，运输困难。因此应加快发展专用的采伐剩余物捡拾机械和小集中工艺，发展专用的运输车辆。此外，在生产组织上，伐木、造材、打枝等作业要为清林和剩余物的利用创造条件。在木材生产计划中要将伐区剩余物的有效利用列入生产计划，配备相应的人员和设备。

在采伐剩余物的利用中要充分考虑林地生产力的维护，由于树枝、树叶、梢头等采伐剩余物的腐烂是林地营养成分的重要来源，因此在采伐剩余物的利用中，要充分考虑其营养库的功能，在林地上保留适当的采伐剩余物。

7.5 贮木场生产

7.5.1 贮木场的概念与分类

贮木场是林区木材生产的最终楞场，是木材的集散地和贮存场所。就其性质和作用来说，是商品的仓库，也是商品的销售处。

木材商品体积大、质量重、数量多、品种繁杂。露天存放占用面积大，按树种、材种、材长和等级区分并分别归楞，少则几十个，多则一两百个垛。

贮木场按到材的种类，分为原条到材、原木到材和原条原木混合到材。在木材生产中，到材的种类，对贮木场的场址选择、工艺布局以及所需的机电设备是至关重要的，是企业生产管理中的主要事项。

7.5.2　贮木场生产工艺流程

贮木场的生产工艺流程主要包括卸车、造材、选材、制材、剥皮、归楞、装车等。具体的工艺流程可以分为两类：

(1)原条到材、铁路外运(图7-1)

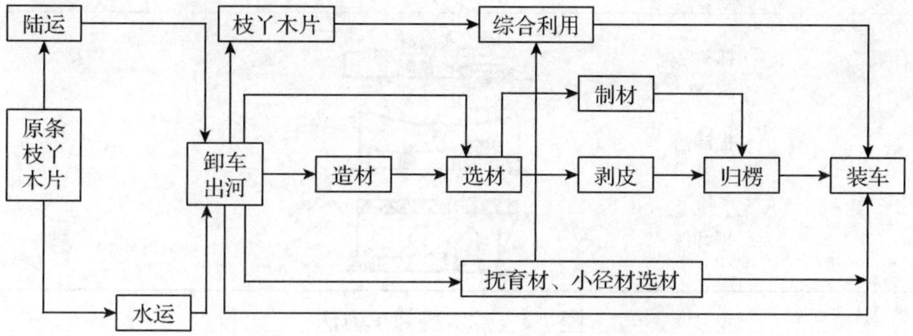

图7-1　原条到材、铁路外运的工艺流程

(2)原木到材、铁路外运(图7-2)

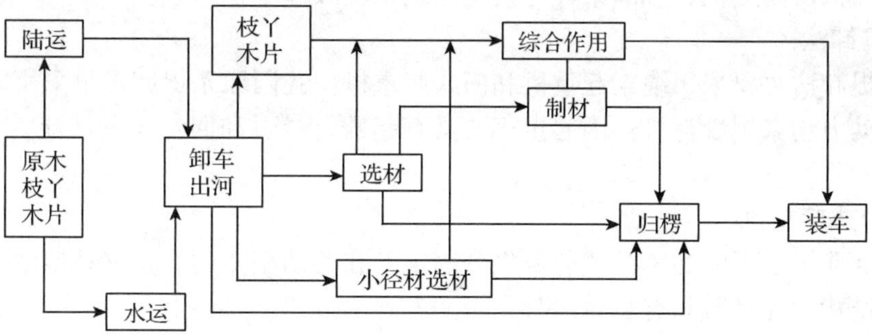

图7-2　原木到材、铁路外运的工艺流程

7.5.3　贮木场生产作业

7.5.3.1　贮木场卸车

卸车是贮木场的作业之一，主要是原木、原条及其他产品(枝丫材、木片等)的卸车。

原条、原木卸车的方法主要取决于卸车的机械设备的类型。由于成捆原条卸车是一项笨重的作业，必须借助于卸车机械或设备来完成。按卸车机械或设备的动力传递方式，可分为推卸法、拉卸法、兜卸法、抓举法、提卸法等，具体如图 7-3 所示。

原条捆运行方式	动力传递方式	图示	适用贮木场
	推卸法		小型
滑移式	拉卸法	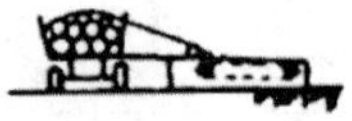	小型
	兜卸法	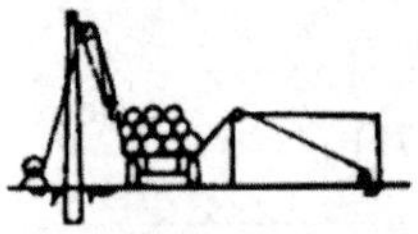	中小型
	抓举法		中型
空吊式	提卸法		中小型
	提卸法		大中型

图 7-3　贮木场卸车方法

(1)兜卸法

兜卸法主要兜卸原条，也可兜卸原木。兜卸原条时，除兜卸机外，还要有卸车台的配合。兜卸机由动力机、兜卸架杆、钢索导绕系统和卸车台组成。

(2)提卸法

原条提卸法主要采用缆索起重机和门式起重机。我国原条提卸最早采用的是缆索起重机，其动力均采用绞盘机。因起重机要具有起升、牵引和回空 3 种功能，故须选用 3 筒绞盘机。

(3)门式起重机

我国林业上使用的卸车门式起重机分固定型和移动型 2 类。在移动型中，有桁架结构和箱形结构、无悬臂和有悬臂之分。

(4)原条卸车抓具

原条卸车抓具有两种类型：一种是液压式；一种是机械式。

7.5.3.2　贮木场造材

贮木场原条造材已基本实行机械化，常见造材方法包括电锯造材、圆锯机造材、链锯机造材等。

(1)电锯造材

电锯是一种手提式机具，机具重量和电机功率是两大指标，两者之比称为比质量。

为减少电动机质量，主要靠提高电机的转速，其最佳的转速为12 000r/min。造材电锯的锯链有直齿、弯齿、混合齿等。

(2)圆锯机造材

圆锯机造材的特点是锯机固定、原条移动，即锯截一个锯口原条向前移动一次。因此，在锯截之前要解决原条的供料和送料，锯截过程中要解决定长、夹锯和防止木材翻动，锯截后要解决原木的出料和排料。因此，固定造材作业是一个比较复杂的系统。

(3)链锯机造材

当锯口直径较大时，可以采用长锯板的链锯机。根据作业工艺要求，它可以是固定的，也可以是移动型的。在这种链锯机中，锯板绕电动机的输出轴摆动锯截。

7.5.3.3　贮木场选材

原木生产时，可在楞场进行初选或终选。一般是进行初选，最后集中到贮木场再进行终选。原条生产时，都是在贮木场进行一次性的选材。

初选的分选项目较粗，通常是按材长或树种等分选，目的主要是为了便于下一步的运输。终选的目的是为了向需材单位进行产品的供应和销售，因此要求精细和严格。

选材是各企业按照当时制定的原木分级归楞方法进行的，其作业的关键是选得准、分得清，尽量避免混楞现象。从技术角度看，选材分人力选材、机械化选材等。

(1)人力选材

在贮木场，选材距离短的几十米，长的几百米甚至上千米。因此，靠人抬肩扛是困难的。通常要采用简易的搬运设备。目前，人力选材已被输送机、动力平车、龙门小吊、装载机等替代了。

(2)动力平车选材

在人力推平车的基础上略加改造成为动力平车，主要有钢索拉平车、电动平车、龙门小吊、输送机选材等。

7.5.3.4　贮木场归装

(1)原木楞堆形式

实楞是古老、传统的堆放形式，适用于各种归楞方法和设备。格楞和层楞适用于吊运的方法与设备。

格楞分方格楞和斜格楞。格楞左右用木桩分隔，上下用垫木分隔。采用格楞需要大量的原木，但捆挂木材和装车的效率较高。既减轻劳动强度，又增加了楞堆的通风，降低腐朽变质的程度。

层楞没有垂直分隔，只有水平分隔，形成多层次的楞堆结构。层楞具有通风好、便于账卡管理和调拨检验、提高装车效率、楞堆不易散垛等优点。

楞基主要指楞腿，楞堆应铺在楞腿上，与地面隔离。楞腿原木直径须在 30cm 以上。许多贮木场用石块和水泥砌成长方形楞腿，以节约木材。

(2)归楞作业

归楞要求楞头断面一头齐，楞间距离 1.5~2m。短材楞高一般不超过 4m，4m 以上长材的楞高一般不超过 8m。归楞与装车的作业过程大同小异，归楞方法也与装车方法相同。因此，贮木场的归楞与装车应当是联合作业，所选择的机械必须具备能完成这 2 种作业的功能。

(3)装车

贮木场的装车方法，根据采用的设备，可以分为固定式架杆机装车、移动式架杆机装车、塔式起重机装车、缆索起重机装车、门式起重机装车、原木抓具装车、装载机装车等。

第8章 森林采伐规划设计与森林环境保护

8.1 森林采伐规划设计的分类

森林采伐规划设计是森林经营规划的一部分。主要内容包括：明确采伐作业区范围；确定合理采伐量；确定各种采伐类型及比例；确定木材生产工艺；规划林区基础设施；规划森林恢复等。

森林采伐一方面是合理利用森林资源，为经济建设和社会需求提供木材原料。另一方面也是科学调整森林结构(年龄、树种、林种)，为培育后续森林资源创造条件的重要手段。此外，森林采伐还具有改善林分质量，提高林地生产力，通过合理采伐保护人类生存环境的作用。

森林采伐规划设计分为：①长期规划(10 年规划)；②中期规划(5 年规划)；③年度计划(1 年规划)；④施工计划(几个月)。

8.2 森林采伐长期规划(10 年规划)

8.2.1 森林采伐长期规划的考虑因素

森林采伐长期规划应考虑的因素包括：

①森林资源稳定及增长。

②经济发展对木材资源的需求。

③森林经营者培育和经济方面的需要。

④不引发或增加区域生态安全危机。

8.2.2 森林采伐长期规划的主要内容

8.2.2.1 森林分类区划与经营布局

根据森林资源的主导作用、经营目的、经营利用措施，将林地分别归类组织，组成不同的森林经营单位，即经营类型，并形成一套完整的经营体系、经营措施。经营类型是森林资源的划分单位。

森林经营类型组织中应考虑的因素包括：林种、树种、起源、立地条件、经营目的、经营水平等。只有这些因素都相同的情况下，才能组织某一类森林经营类型。如：

(人工)集约杉木大径材、(人工)一般杉木大径材等。

森林经营类型的组织，尽可能与过去区划一致，以保持现有林分类型的稳定性与一致性。

8.2.2.2 明确禁伐区的范围和界限

具有下列一种或多种属性的高保护价值森林集中的区域，在功能区划中应优先区划出来，划定为禁伐区：

①在全球或国家水平上，具有重要保护价值的生物多样性显著富集的区域。

②在全球或国家水平上，具有重要保护价值的主要物种仍基本保持自然分布格局的大片森林景观。

③有珍稀、受威胁或濒危物种的生态系统区域。濒危物种是在短时间内灭绝率较高的物种，种群数量已达到存活极限。珍稀物种是国家法律法规，国际保护公约确定的珍稀物种。

④提供生态服务功能的区域。江河源头及两岸，水库与湖泊周围，重要湿地(列入世界重要湿地名录)周围山地、对侵蚀控制非常重要的森林(坡度在30°以上，森林采伐后会引起严重水土流失的区域)、土层瘠薄、岩石裸露、采伐后难以更新或生态环境难以恢复的森林都应划为禁伐区。

⑤满足当地社区如生存、健康等基本需求的森林区域。例如，为少数民族提供基本的生活需求，诸如食物、工具、燃料、药材以及建筑材料等，暂时无法替代的森林。

⑥自然与文化遗产地、风景名胜地、历史遗址地周围山地第一重山脊或平地500m内的森林区域。

⑦对当地社区的传统文化特性具有重要意义的森林区域。

⑧保护区域的位置能全面代表森林经营单位内各种森林类型的，如低地森林、河岸森林、高山森林等。

⑨具有特殊用途的森林，如国防林、母树林、种子园、实验林等。

⑩社区水源林。

县城以上(含县城)唯一水源地周围第一重山脊内的森林。

由于森林生态效益的外溢性，森林采伐利用仍然是森林经营者的重要经济来源，森林公益效益必须通过国家管制和社会公约的约束才能实现。

8.2.2.3 采伐类型和采伐方式

采伐类型是一级分类、采伐方式是二级分类。

(1)采伐类型和采伐方式确定的依据

①林种。

②林况，包括：年龄结构、层次结构、树种结构等。

(2)采伐类型

采伐类型包括：主伐、抚育采伐、低产(效)林改造采伐、更新采伐、其他采伐。以上采伐类型涵盖了现实林分采伐的全部采伐类型，长期采伐规划应确定不同经营区的采伐类型和采伐方式。

长期采伐规划中，应针对现有森林资源状况，初步确定需要进行相应采伐措施的森林资源，并进行采伐措施归类。即主伐型、抚育采伐型 、改造采伐型、更新采伐型等。

(3)采伐方式

①主伐方式　包括：皆伐、渐伐、择伐。

②抚育采伐方式　包括：透光伐、生长伐。

③低产林改造采伐　包括：皆伐改造、择伐改造。

8.2.2.4　合理年采伐量

合理年采伐量的测算应根据采伐类型，按采伐量不超过生长量的原则确定。

8.2.2.5　伐区配置

根据森林资源状况、地利条件、社会需求，从优化森林资源和满足社会需求的角度，对采伐时间进行地域上的分布，称为伐区配置。伐区配置应考虑以下因素：

①对于地利条件允许的低产林应优先开展低产林改造采伐。

②在中幼林资源占优势的经营单位应侧重中幼林抚育。

③在采伐量低于生长量的基本原则下，尽可能先安排过熟林的采伐，为林地更新创造条件。

④考虑与道路规划的互动，尽可能优先考虑地利条件好的成过熟林，由近及远地安排伐区，促进道路的延伸。

⑤尽可能考虑对环境影响较小的成过熟林采伐。

8.2.2.6　林区道路规划

森林资源大多在山区，进行一定数量的林区道路建设仍是必需的，甚至可成为当地发展基础设施的基本成分。

长期采伐规划中应对主要道路或关键道路进行规划，有计划地发展木材采伐运输系统。

(1)林区道路规划的考虑因素

①要充分考虑现有的集材方式及使用条件。

②考虑环境影响与运输安全。

③结合伐区配置，确定大体的林业主要运输道路规划。

④确定合理的道路密度。

道路密度越高，受损的森林面积越大。修建林道会直接导致森林面积减少，林道修建的越多，林道越宽，就会砍伐越多的森林。但道路密度不够也会增加木材生产的成本，并影响森林经营活动。

(2)林区道路规划的内容

林区道路规划，应包括：修建林区道路的公里数、桥梁、涵洞；确定建设和保养所需的年度劳动力需求量；并在图面上标示初步的线路图、桥梁、涵洞位置以及特别注意的事项，如保护区、危险区等。

8.2.2.7 配套设施修建与维护

长期采伐规划中应对主要配套措施进行规划，结合森林采伐配置，林区道路规划，以及周边居民点的分布，确定主要集材点或临时集材点、工人主要生活区、人员数量，确定需要修建的主要设施设备、机械类型和数量，并在图面上标出主要建设点。

8.2.2.8 伐区森林恢复

伐区森林恢复包括的主要内容有：造林树种、更新方法、更新时间。要结合长期森林可持续和森林培育的需要，考虑今后市场的可能需要，规划长、中、短期应造林的主要树种，要注意保持乡土树种、速生树种、珍贵用材树种的合适比例。

(1)造林树种的选择原则

①按培育目标定向选择树种。

②按适地适树的原则选择树种。

③对比分析选择树种。

④现有人工林的调查。

⑤树种选择方案的择优确认。

(2)用材林树种的选择

用材林树种选择集中反映在速生、丰产、优质、稳定和可持续等目标上。

●速生性

中国人均森林资源数量，是世界上最低的国家之一，中国森林资源与飞速发展的经济对木材的需求产生了突出的矛盾。我国的年木材缺口量在 $2\times10^8 m^3$ 以上。

发展速生树种造林是全世界的共同趋势。意大利、法国、韩国在杨树造林中取得显著成效，意大利仅用林地面积的3%，生产全国工业用材的50%，新西兰营造大面积辐射松，仅以全国林地面积的11%，生产木材产量的95%。

我国的乡土速生树种很多，如北方的落叶松、杨树，中部的泡桐、刺槐，南方的杉木、马尾松、毛竹等。此外，从国外引进的松树、桉树都是很有前途的用材树种，这些树种少则10年就能成材利用。

●丰产性

树种的丰产性要求树体高大，材积生长的速生期维持时间长，又适于密植，因而能在单位林地面积上最终获得比较高的木材产量。

有些树种既能速生，也能丰产，如杨树和杉木；有些树种速生期来得早，但维持时间比较短，或只适合稀植，不适合密植，这些树种只能速生，但不能丰产，如刺槐、旱柳、臭椿。

有些树种速生期来得较晚，但进入速生期后的生长量较大，且维持时间长，如红松、红皮云杉等。

●优质性

良好的用材树种应具有良好的形态，主要是指树干通直、圆满、分枝细小、整枝性能良好。所谓质，是指材质优良，经济价值较大。一般用材要求材质坚韧，纹理通直均匀、不易变形、干缩小、容易加工、耐磨、抗腐蚀等。家具用材除上述特点外，还要求材质细密、纹理美观、具有光泽。

大部分针叶树有良好的性状，这是目前针叶树造林面积多于阔叶树的主要原因。

阔叶树中，也有树干比较通直的，如毛白杨、檫树等，但大部分阔叶树的树干不够通直或分枝过低、主干低矮(如泡桐、槐树)，或树干上有棱状突起，不够圆满。

大径级高质量的木材用途广、加工易、利用率高，仍是大量需求的商品用材，尤其是一些有特殊用途的珍贵用材越来越少，供不应求。

(3)适地适树

对用材林树种来说，起码要达到成活、成林、成材，适地适树还要有一定的稳定性，即对间歇性灾害有一定的抵抗能力。

适地适树的实现途径：

①选择　包括选地适树和选树适地。选地适树就是根据当地的气候土壤条件确定了主栽树种或拟发展的造林树种后，选择合适的造林地。选树适地是在确定了造林地后，根据立地条件选择适合的造林树种。

②改造　包括改树适地和改地适树。改树适地是通过选种、引种驯化、育种等手段改变树种的特性使之适应干旱、高寒等条件。改地适树是通过整地、施肥、灌溉、树种混交、土壤管理等措施改变林地的生长环境，使之适合于原来不大适应生长的树种生长。

在一个经营单位内，应将最适生、最高产，经济价值又最高的树种，列为主要造林树种。

每个经营单位根据经营方针、林种比例及立地条件特点，选定为主要造林树种的只是少数几个最适合的树种。但在一个经营单位内，树种不能太单调，要将速生树种和珍贵树种，针叶树种和阔叶树种适当搭配。

③落实造林地　实际应用中，将树种落实到造林地上。应本着如下原则：将立地条件较好的造林地优先留给经济价值高而且对立地条件要求严格的树种，生态适应性比较广泛的树种安排在立地条件较差的造林地；同一树种，以培育大径材为目的时，要安排比较好的造林地，以培育中小径级为目的的可选择较差的林地。

例如，种植杨树，以生产胶合板材为目的，应选择土壤肥沃、土层深厚的造林地。纤维用材林，对造林地的要求可适当放宽。

还要结合长期森林培育的需要，考虑市场可能的需要规划长中短期的造林树种。

8.2.2.9　投资与成本估算

根据森林采伐、林道及配套设施修建与维护、森林恢复等需要的劳动量、机械设备类型与数量、材料类型与数量以及物价利率水平估算投资与成本。

8.2.2.10　约束性与合理变动

说明可能变化的情况、变动的可能原因和规划变动方法，提出规划允许变化的合理范围和程度，且同样应遵循编制的基本原则，如突发性的自然灾害可能导致更多的低产林改造，国家政策调整可能导致林种的变化等。

8.2.2.11 特别事项说明

除对生态环境影响、安全、卫生等内容提出原则性说明外，还要根据采伐规划中可能出现的重大问题，如：危险区林道建设、受采伐影响的居民区，在图上标注，提出解决原则。

8.2.2.12 附表

附表包括：森林资源现状统计一览表、采伐规划一览表、林区道路规划一览表。

8.2.2.13 附图

附图包括：

(1)森林资源分布图

以地形地貌、行政界线、经纬线为基础，应标示出经营单位的资源分布范围。并标出行政中心，乡镇、河流、道路和主要特征点，如山峰高程、文化遗迹等，以及基础设施。图面上如有可能，应包括等高线、森林覆盖类别。

(2)采伐经营布局图

以森林资源分布图为底图，要求有林种区的划分，标注禁伐区，限伐区，常规采伐区，以及保护区域或保护点，采伐时间分割线，主要道路规划，主要设施点，重大问题点或问题区。

8.3 森林采伐中期规划(5年规划)

中期规划的意义在于落实长期规划，基于现有森林资源状况，对长期采伐规划进行必要调整，用于指导年度计划。

8.3.1 中期采伐规划的依据

第二期的中期采伐规划需要对长期采伐规划中的后期内容进行有限调整。主要依据为：

①长期采伐规划。

②变化了的森林资源状况(经5年的采伐更新)。

③变化了的市场，经济形势。

8.3.2 中期采伐规划的主要内容

中期采伐规划的内容与长期采伐规划中的内容框架一致，是将长期采伐规划中规划后期内容的细化，但要进行必要的调整。调整的主要内容有经营类型、年伐量、伐区、造林恢复，道路等设施、投资成本等。

（1）经营类型调整

经营类型调整的原因：

①政策导致林种的变化。

②市场需求的变化。

③森林培育与木材加工技术改进，造成森林资源利用率的变化。

（2）制定采伐限额

中期采伐规划的编制，也是采伐限额的编制和落实到伐区的过程，需要按照采伐限额测算方法重新测算年伐量。

森林年采伐限额是通过对本地区内森林、林木进行科学测算而确定的，并经国家批准，在本地区或经营区内，各单位每年以各种采伐方式对森林资源采伐消耗的最大限量。

国有的林木以国有林业企业事业单位为单位，集体和个人所有的以县为单位，制定采伐限额，汇总报国务院。森林采伐限额分为商品林限额和公益林限额。

商品林限额按采伐类型分为主伐、抚育采伐和其他采伐限额。其他采伐包括低产林改造和薪炭林采伐、疏林采伐、四旁树采伐、散生木采伐、经济林采伐以及因特殊情况等进行的采伐。

《中国可持续发展林业战略研究总论》中提出，森林资源幼龄林、中龄林、近熟林、成熟林、过熟林面积比例应为2:1:1:2:1。

（3）伐区配置调整

将后5年的伐区落实到小班地块。伐区配置应考虑：

①低产低效林分必须及时更新改造。

②经营上特殊需要，如林道建设，不论林况与年龄大小都必须采伐。

③需要及时抚育采伐的中幼林、过熟林分。

④伐区尽可能相对集中，有利于林道修建，尽可能由近及远。

⑤皆伐面积按坡度限制。

⑥不采伐严禁采伐和难以更新的林分。

⑦采伐资源年度之间应好坏均匀搭配。

（4）造林恢复

应与采伐小班的计划相结合，根据小班的特点，考虑市场需求、立地条件及树种培育技术的改良，选择优良品种更新，树种变动的幅度不应过大。

（5）林区道路规划

要根据伐区配置进行调整。在第二期中期采伐规划中，由于采伐时空的变化，森林经营方案中后5年林道修建发生变化，要根据现有状况，重新规划，并在图面上标示规划结果。

（6）投资与成本测算

投资与成本估算的要求和长期采伐规划一致。根据森林采伐、林道及配套设施修建与维护、森林恢复等需要的劳动量、机械设备类型与数量、材料类型与数量以及物价利率水平估算。

(7)约束性与合理变动

由于未来的不确定性，中期规划还应考虑年度采伐计划允许的变动范围。

8.4 森林采伐年度规划与施工计划

年度采伐计划是森林采伐作业设计的主要依据，应落实到伐区。年度计划于实施前半年制定，实施期1年。施工计划包括：任务计划安排，材料设备安排等。

8.4.1 年度采伐计划的主要内容

①确定伐区位置和界限。

②按作业小班，确定采伐类型、采伐方式、采伐强度、采伐量、采伐时间。

③确定各级缓冲区的长度、宽度、面积。

④确定森林更新计划，包括：更新树种、更新方式。

⑤道路、集材道和楞场的修建计划。

⑥主要潜在危险的处理方法。例如，采伐、集材、道路方面的危险应急处置。

⑦约束性和合理变动。约束性和合理变动是考虑到年度内的可能变化因素，确定的变化范围。年度采伐计划的框架内容基本与中期采伐规划涉及的内容一致，并将采伐数量落实到具体小班。

⑧伐区分布图和更新作业图。伐区分布图包括拟采伐伐区范围，以及设置的缓冲区、道路以及集材道、楞场等。更新作业图包括拟更新树种规划图。

年度采伐计划编制完成后，应申报森林经营单位的直接主管部门进行审核、审批，并报所在县级林业主管部门备案。

森林经营单位应严格按年度采伐计划实施，林业主管部门负责监督或委托相关部门负责监督年度采伐计划的组织实施。

8.4.2 施工作业计划

施工作业计划应在采伐许可证已经审批和伐区的招投标完成后进行编制。

工作程序为：

(1)现场查对

通过公开招标、邀请招标、直接指定的方式，森林经营者或森林所有者邀请拟参与采伐施工作业的作业者，并组织他们到伐区实地了解伐区状况，明确采伐作业设计确定的各项任务。

(2)确定采伐作业队伍

在现场查对的基础上，通过招投标或直接指定的方式，森林所有者或经营者确定采伐作业队伍。

(3)任务拨交

三方(林政管理人员、森林经营者或森林所有者、施工作业者)在现地分配和拨交采伐作业任务给施工队伍。

(4)编制施工计划

施工计划的主要内容包括：

① 明确各项作业的实施地点，时间和顺序，包括一个完整的采伐更新过程，包括：楞场、集材道、生活点修建；伐木、打枝、造材、集材、归楞、装运；伐后林地清理、更新等。

②编制各项作业的工程数量(km、m^2、m^3)、工程造价。

③编制物资材料计划。

④编制突发事件对策。

施工作业者将完成的工作计划提交森林经营单位审批。如审批通过，可以按施工作业计划开展森林采伐作业，森林经营者以此向施工作业队伍支付相应的采伐作业费用。

8.5　伐区调查设计

8.5.1　伐区调查设计的概念

伐区指的是同一年度内用相同采伐类型进行采伐作业的，在地域上相连的森林地段。伐区调查设计是在资源和地形调查的基础上，选择合适的采伐方式、合适的集运材方式、合适的清林方式、合适的更新方式、合适的工程设计(楞场、集材道、运输道路、生活区)、并测算成本和产量等。

伐区调查设计是申请林木采伐、核发采伐许可证的主要依据。伐区调查设计在前，施工计划在后。

8.5.2　伐区调查设计程序

①森林经营者申请。

②行政主管部门审批。

③委托林业调查设计单位开展伐区调查设计。

④森林经营者全面审核。

⑤林业行政主管部门审批。

⑥森林经营者组织采伐。

8.5.3　伐区调查设计的主要内容

8.5.3.1　伐区定位

在地形图上大致确定伐区位置，明确大致的四至范围，包括经纬度，临近的乡镇、林班号(村庄)、小班号以及其所在的小地名或可标识的相邻地名。

8.5.3.2　初步设计

初步辨识陡坡、缓冲区、拟定集材点、楞场、标示集材道路、运输道路，控制点

(山脊、河流、陡地形)等。

8.5.3.3 实地确定伐区周界和面积

根据伐区的四至(伐区周围代表性景观)，据图找到伐区位置。利用罗盘仪导线实测方法确定伐区面积和形状。利用罗盘仪定向、测距形成闭合导线圈，确定伐区界限，求算面积。

标记伐区界限：将伐区外靠近伐区的树木，刮皮为记。

8.5.3.4 伐区概况调查

主要包括地形地势调查、土壤调查、林分因子调查、林木蓄积量调查、材种出材量调查、特殊保留木调查、更新调查、下层植被调查、已有木材采集运条件调查等。

(1)地形、地貌、土壤情况调查

①坡向　包括东、南、西、北、东南、西北、东北，西南。

②坡位　包括山脊、坡上、坡中、坡下、谷地。

③坡度　包括平坡、缓坡、斜坡、陡坡、急坡、险坡(45°以上)。

④土壤厚度、土壤质地。

(2)林分情况调查

①树种组成、树种年龄、郁闭度。

②平均胸径、平均树高、公顷株数、公顷蓄积量。

③林下更新情况调查，主要是下层植被中幼树和幼苗的生长情况。

④木材采集运条件调查，包括已有的林区道路、桥梁、河流状况调查。

⑤珍稀树种、母树、特殊保护地段的调查。

8.5.3.5 伐区设计

伐区设计主要包括生产工艺设计和工程设计。

(1)生产工艺设计

1)采伐作业设计

① 缓冲区设计　伐区内分布有小溪流、湿地、湖沼或伐区边界有自然保护区、人文保留地、野生动物栖息地、科研试验地等应设置缓冲区。

② 采伐类型和采伐方式设计　采伐类型和采伐方式设计应根据森林经营的林种、林分年龄、林分特征、树种更新特点、地形、采伐经济条件等。按有利于水土保持、有利于森林更新和方便木材生产的要求，因林因地选择采伐类型和采伐方式。

采伐类型及采伐方式主要包括主伐(分为皆伐、渐伐、择伐)。抚育采伐(分为透光伐、生长伐)。改造采伐(分为皆伐改造、择伐改造)。其他采伐(工程建设占林地采伐；薪炭林、经济林、特用林采伐；修建森林防火带采伐；森林病虫害隔离带采伐；散生木、四旁树采伐)。

③ 伐木标识　对采伐木、需特殊保护的树木应标号。

④ 伐木顺序与倒向设计　伐木顺序与倒向设计应为集材创造条件，根据地形地势、

集材道，设计每个采伐地块总的树倒方向和伐木顺序。要有利于采伐安全、有利于保护保留木，有利于集材作业。树倒方向一般倒向集材道，最好与集材道方向成斜角。

2)集材方式设计

集材方式受地形的制约(技术限制)；受出材量的制约(经济收益)；受生态保护的制约(保护土壤，保留木)。

集材类别包括：绞盘机、索道、拖拉机、板车、渠道、滑道、畜力、人力、空中集材、接力式集材(拖拉机—架空索道；架空索道—拖拉机；履带拖拉机—轮式拖拉机；畜力—人力串坡；畜力—架空索道等)。

集材方式尽量使用对地面破坏最小的设备，减少对保留木和更新幼树的破坏，尽量降低成本。

3)伐区清理方式的选择

① 归堆　适合于择伐、抚育采伐的伐区。

② 归带　适合于皆伐迹地、坡度大、剩余物多，易于水土流失的伐区。

③ 散铺　适合于土壤瘠薄、干燥及陡坡、剩余物较少的伐区。

④ 火烧法　适合于遭受严重病虫害的林分。

4)造材设计

造材设计的一般原则是：

① 长材不短用、优材不劣用，尽量造出大尺寸的材种。

② 碰弯下锯、缺陷集中、弯曲分散、尽量不降低木材等级。

③ 留足后备长度，锯口要平直。

5)更新设计

更新方式分为人工更新、人工促进天然更新、天然更新。

更新设计的原则是：因地制宜，确定合适的更新造林树种、更新方式；尽可能快速恢复植被；分采伐迹地、集材道、楞场等确定更新要求；按林种要求，制定相应的造林技术措施，合理造林。

① 人工更新　人工更新适合于皆伐迹地、更换树种的采伐迹地、集材道路、楞场、低产林皆伐改造迹地、皆伐工业原料林迹地等。

② 天然更新　适合于渐伐、择伐迹地；择伐改造的低产林迹地；采伐后保留的目的树种幼苗、幼树较多，且分布均匀的采伐迹地；采伐后保留天然下种母树较多或根蘖能力强的树桩较多的采伐迹地；需要保持自然生长状态，立地条件好，雨量多的采伐迹地。

③ 人工促进天然更新　人工促进天然更新适合于渐伐迹地；补植改造的低产林地；采伐后保留目的树种的天然幼树、幼苗较多，但分布不均的采伐迹地；其他适合于天然更新，但完全依靠自然力，规定时间内达不到规定要求的林地。

(2)伐区工程设计

伐区工程设计包括临时居住场所设计；集材道设计；楞场设计；林区道路设计等。

①临时居住地设计　临时居住地应选择地势平坦、排水良好、临近水源、出入方便，手机、对讲机信号覆盖的区域。临时居住地应设置临时蓄水池、垃圾处理设施等。

②集材道设计　集材道包括拖拉机道、板车道、索道索廊、滑道、畜力集材道等。

集材道布局的考虑因素包括：根据楞场位置，尽量缩短集材距离；尽量避开和远离河道、陡峭、不稳定地区；避开禁伐区和缓冲区；避免横向坡度；曲线数目尽量少，减少林地占用；工程量小；宜上坡集材；贯穿生产木材集中地带；应简易低价，易恢复林地。

集材道的设置方法包括拖拉机道、板车道、畜力集材道和索道勘测的设置。集材道技术标准包括：宽度、最大纵坡、最小平曲线半径、经济集材距离等(表 8-1)。

表 8-1　不同集材道的主要技术参数

集材道类型	宽度(m)	最大纵坡(°)	最小平曲线半经(m)	经济集材距离(km)	备注
拖拉机道	3.5	25	7~10	2.5	如果半径取小值，弯道内侧应加宽
胶轮板车道	2.0	8	5.0	1.5	
索道		45		1.0	转弯偏角 30°以下
人力、畜力集材道	2.0	15	人力不限畜力 20.0	0.5	
运木渠道	0.8(底宽)	7	50.0	2.5	
滑道	1.0	45	≥80	1.5	

拖拉机道、板车道、畜力集材道设置包括顺坡设道：作业区是一面坡，且坡度较缓，顺山坡设置主道。斜坡设道或迂回设道：作业区内的坡度较陡，或超过拖拉机爬坡限度时，可斜坡设道或迂回设道。作业区处于两山夹一沟，若沟不宽，两山坡面又不大时，可在沟中设道。综合设道：作业区地形复杂，采取单纯一种方法不能完成集材道设置时，采取两种以上的方法设置集材道。

索道线路应尽可能通过伐区木材最集中的地方以提高集材效率。尽量选择直线线路，不可避免时转变水平角不超过20°。线路的起、终点之间的平均坡度控制在 7°~24°间，最大不超过 45°。中间支架的位置按间距 300~500m。

如与其他集材方式配合，山上楞场应设置在便于木材小集中的地方，山下楞场应选择在有较大面积的平缓处。

第9章 林区道路及木材运输与森林环境保护

9.1 林区道路的作用

在大多数林业作业中，林道是必不可少的部分。林道为人们提供了进入森林的通道，不但为实施森林经营和采伐作业提供了方便，而且能充当集材道，将木材运出森林。此外，道路对于以林业为生或从事相关行业的人也非常重要，有了林道，以前无法到达的地方也畅通了。具体说，林区道路的作用包括：

①林区道路是木材生产的基础设施，是木材商品进入市场的通道。

②林区道路为森林经营和森林保护提供了通道，如森林病虫害防治、森林抚育采伐、森林火灾扑救等。

③林区道路能促进林产品交流，带动山区、林区经济的发展。

④林区道路是连接林区和城镇的纽带，能够促进森林旅游业的发展。

9.2 林道修建的环境影响

(1)减少森林面积

修建林道会直接导致森林面积的减少，林道修建的越多，林道越宽，就会有越多的森林被砍伐以方便修建林道，这会极大减少森林面积。如道路密度为 $10m/hm^2$，而道宽 20m，则每公顷森林中的道路面积 $200m^2$，即林地面积的2%为道路占用。

(2)林道修建容易发生土壤侵蚀

修建道路必然要清除地表植被，进行挖填方作业，而裸露的土壤没有植物的保护，就容易发生侵蚀。土壤侵蚀会影响附近溪流的水质，还会造成林地肥力的降低。

(3)河道泥沙沉积、水质变差

修建林道中，被侵蚀的土壤会被冲到河道、溪流中，影响水生动物和植物所需的水质，并影响到饮用河水的人的正常生活。泥沙淤积河道还会导致洪涝灾害。

(4)林区道路产生的接近效应

林区道路的修建有时会产生负面的影响，例如，由于道路的修建，为捕猎者、采矿者或非法采伐者提供了进入森林的通道，这将不利于森林资源和生物多样性的保护。

(5)扰乱动物迁徙的模式

对于依赖森林而生的动物，林道不利于它们的逃散和迁徙。那些栖息在树冠以及不能在树冠之间跳跃穿行的动物深受其害。

(6)破坏景观

在具有较高景观和休憩价值的地方，过宽的林道会损害森林的景观价值。

9.3 林区道路选线与设计的环境保护原则

①林区道路应尽量避免大的填挖方。为此，应确定有最小坡度的道路位置，依地形修建道路，尽量减少土体的移动，特别是土体的填充，以免减低土壤的稳定性。如有可能，道路尽量沿等高线设计。

②充分考虑对环境的影响尽可能小。禁止在禁伐区、靠近河流和不稳定坡面上修建林区道路。

③林区道路应有良好的排水设施。

④道路两边要有不小于50m的缓冲区，以保持山体稳定，维护道路安全。

⑤应绕开主要的生物多样性保护区和高保护价值森林区域，避免道路的接近效应，避免为非法狩猎提供方便。

⑥道路修建应保护河岸缓冲带。

⑦在易发生火灾的森林中，应将道路作为有效的防火隔离带，其宽度增加1倍。

⑧道路修建应避免扰乱动物迁徙模式，应修建动物通道。

⑨林区道路规划设计与修建应避免费用高，使用寿命短。

⑩林区道路修建应尽量少占林地、农田。

⑪应该有计划地、系统地发展林区道路，既不能零打碎敲，也不能修建超过需要的道路，从而加剧土壤侵蚀，江河沉积，以及道路的修建保养费用过高。

⑫在现地规划入林道路前，应在地形图上找到潜在的贮木场和桥涵的位置。

⑬新建的永久性的入林道路应当尽可能地沿着等高线设计。

⑭应使入林道路的数量、长度和宽度最小化。

⑮尽可能在山岭的南侧或西侧设置入林道路，以使道路接受更多阳光。

9.4 林区道路设计

9.4.1 平面设计

道路是带状建筑物，其平面设计主要包括路线线形设计和用地设计。公路路线线形设计首先应满足汽车行驶要求，同时符合行车安全、迅速、经济的要求。包括平曲线设计和直线设计。

①所有道路都应留以足够的宽度，以保证车辆的安全通行，但是又不能过宽，以防止森林的过度砍伐和过多的裸露土壤。

②道路修建所需的最大砍伐宽度，应留出足够的地带，以利于阳光照在路面，这样路面在雨后能很快晒干。

③保证道路拐弯处的最大能见距离。

9.4.2　纵断面设计

道路沿中心线纵向剖开，即呈现出道路的纵断面。由于沿线地面的起伏，经常要沿路线方向设置纵坡。道路路线的纵坡设计要保证汽车以一定车速行驶时的平顺性；还要考虑施工中的填挖平衡；考虑汽车的动力性和纵向排水性能。为减少汽车通过纵断面上变坡点时的冲击，在变坡点应设置竖曲线。竖曲线按变坡点在曲线上方或下方分别称为凸形或凹形竖曲线，竖曲线一般设计成圆弧或抛物线，其弯曲半径应保证行车安全。

最大坡度和最大连续坡度应该考虑有利坡度（即装满木材的卡车下山）和不利坡度（即装满木材的卡车上山）。

9.4.3　横断面设计

垂直于道路平面中心线所作的剖面称为横断面，主要反映路基的形状。路基是公路的主体，林区道路一般是土路基。路基是路面的基础和行车部分的基础，必须保证行车部分的稳定性，防止水分和自然因素的侵蚀和损害，要求具有足够的力学强度和整体稳定性，具有足够的水－温稳定性，同时又要兼顾经济性。路基通常包括路面、路肩、边沟、边坡等部分的基础。路基顶面高于自然地表的称为路堤，反之则称为路堑，另外还有填挖结合路基。

横断面设计应保证最大雨流量通过的最小边沟面积；保证水能从路面流走所必需的最大弧度；应具有将水流从边沟排到森林中的岔沟。

9.4.4　林区道路路面设计

路面是在路基上用各种筑路材料铺筑的供汽车行驶的结构层。设置路面的目的是加固行车部分，使之在行车和各种自然因素作用下保证一定的强度和稳定性，满足行车的安全、迅速、经济、舒适的要求。

在设计、施工路面时，应保证路面具有以下特性：①一定的刚度和强度；②足够的水温稳定性；③足够的抗疲劳强度和抗老化；④抗变形积累的耐久性；⑤一定的平整度和抗滑性能；⑥少尘性等。为达到以上特性，路面一般设计成不同材料的多层结构。

9.4.4.1　林区道路的面层

面层是路面的上层，按面层材料的不同，可分为沥青路面、水泥混凝土路面、块料路面和粒料路面。面层直接承受行车垂直力和水平力的反复作用和直接受自然因素的影响，因此要求表面坚实、平整、抗滑、耐磨、无尘，同时具有良好的抗高温、低温损坏和密封不透水的性能。

目前路面面层所用主要材料有：水泥混凝土、沥青混凝土、沥青碎（砾）石混合料、沙砾或碎石掺土或不掺土的混合料以及块料等。通常在沙石路面上加铺磨耗层或保护层，以增加面层的稳定性。

9.4.4.2 林区道路的基层

基层主要承受由面层传来的车辆垂直荷载，并将其向垫层和土基扩散，因此要求基层具有足够的强度、刚度、水稳定性以及与路床良好的黏结性。修筑基层的主要材料有：各种结合料(如石灰、水泥或沥青等)、稳定土或稳定碎(砾)石、天然沙砾、各种碎石和砾石、片石、块石或圆石、各种工业废渣(如煤渣、粉煤灰矿渣、石灰渣等)组成的混合料以及它们与土、砂石组成的混合料。

9.4.4.3 林区道路的垫层

垫层主要起到改善土基的温度和湿度状况的作用，保证面层和基层的强度和刚度的稳定性。但不是所有的路面都设置垫层，而是根据其所处位置的地质条件来确定。通常在排水不良、地下水位较高地区设置垫层。修筑垫层所用的材料强度要求不高，但水稳性和隔热性要求较高。常用的材料有两类，一类是松散粒料如砂、砾石、炉渣、片石和圆石组成的透水性垫层；另一类是由整体性材料如石灰土或炉渣石灰土等组成的稳定性垫层。

9.5 林区木材运输

林区木材运输是指将采伐造材完成后的原条或原木运输到贮木场的过程。由于木材运输的对象长大、笨重，因此对运输工具有特殊的要求。传统的木材运输方式包括：汽车运输、窄轨铁路运输、水路运输等。由于林区木材采伐量的减少，以及出于生态环境保护方面的考虑，目前木材运输以汽车运输为主。

由于运输对象的特殊性，林区木材运输对运输车辆有特殊的要求，主要应满足下列条件：

①发动机功率应与汽车列车总质量匹配。

②动力传动范围大，以适应不同的使用条件。

③制动系统更加可靠。

④承载能力大，承载转向装置的安装位置安全、科学、合理。

⑤具有能够适应不同地区、不同季节的发动机。

为了运输木材，通用运输车辆有时要经过改装，安装特殊的木材承载装置。为汽车运输木材而在汽车上安装的各种设备统称为运材汽车的工艺设备，如木材承载装置、驾驶室护栏、装车平台、稳定载运挂车回空的稳固设施、自装自卸设备等。

根据运输对象，我国北方林区采用原条运输(图 9-1)，南方林区多采用原木运输(图 9-2)。

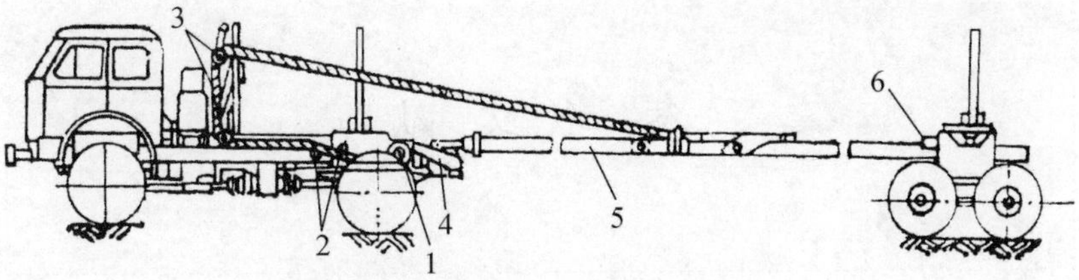

图 9-1　原条运材汽车的工艺设备

1. 绞盘机　2. 导轮　3. 滑轮　4. 铺板　5. 辕杆　6. 挂车

图 9-2　南方林区原木运输

参 考 文 献

[1] 木材[DB/OL]. 百度百科 http://baike. baidu. com/view/71250. htm? fr = aladdin.

[2] 木材 [DB/OL]. 互动百科 http://www. baike. com/wiki/%E6%9C%A8%E6%9D%90.

[3] 机械木浆 [DB/OL]. 百度百科 http://baike. baidu. com/view/9343873. htm? fr = aladdin.

[4] 化学木浆[DB/OL]. 百度百科 http://baike. baidu. com/view/1327385. htm? fr = aladdin.

[5] 半化学木浆 [DB/OL]. 百度百科 http://baike. baidu. com/view/907216. htm? fr = aladdin.

[6] 谢满华. 2011 年我国木材与木制品行业发展状况与未来发展前景分析[J]. 中国人造板, 2012(5): 29 - 32.

[7] 朱光前. 2010 年我国木材及木制品市场概况及对 2011 年市场形势预测[J]. 中国人造板, 2011(5): 28 - 33.

[8] 全球木材供应将持续趋紧 中国木材进口形势严峻. [EB/OL]. [2012 - 11 - 05]. http://www. wood365. cn/news/newsInfo_ 90130. html.

[9] 联合国粮农组织公布《2010 年全球森林资源评估》结果. [EB/OL]. [2010 - 11 - 23]. http://www. gnly. gov. cn/n1267/n1272/c144214/content. html.

[10] 第七次全国森林资源清查结果. [EB/OL]. [2010 - 01 - 28]. http://lyxx. forestry. gov. cn/portal/lyxx/s/2900/content - 440631. html.

[11] 国家林业局森林资源管理司. 第七次全国森林资源清查及森林资源状况. [J]. 林业资源管理, 2010(1): 1 - 8.

[12] 联合国粮农组织. 世界森林状况. [J]. 人与生物圈, 2011(4): 14 - 15.

[13] 防止全球变暖与木材利用(二). [EB/OL]. [2009 - 4 - 22].
http://www. gnly. gov. cn/n1267/n1272/c144619/content. html.

[14] 中国森林资源(2009 - 2013 年). [EB/OL]. [2014 - 08 - 1]. http://www. forestry. gov. cn/main/58/content - 660036. html.

[15] 欧洲木材最大的 4 个生产国: 德国、瑞典、芬兰及奥地利. [EB/OL]. [2014 - 1 - 1]. http://www. wood168. net/woodnews/34687. html.

[16] 李智勇, 陈勇, 谭秀凤. 全球林产品贸易现状与发展趋势[J]. 中国林业产业, 2007(20): 56 - 57.

[17] 我国木材对外依存度高 集约发展迫在眉睫. [EB/OL]. [2014 - 07 - 16]. http://www. wood365. cn/news/newsInfo_ 167452. htm. l.

[18] 国家林业局党组理论学习中心组. 大力加强林业资源保护管理. [EB/OL]. [2012 - 01 - 06]. http://www. forestry. gov. cn/portal/main/s/195/content - 521459. html.

[19] 木材环境特性. [EB/OL]. [2010 - 04 - 22]. http://www. chinaforestry. com. cn/zxzx/view. aspx? id = 21570.

[20] 耿国彪. 应对气候变化中国林业在行动. [EB/OL]. [2009 - 12 - 14]. http://gongyi. sina. com. cn/lssh/2009 - 12 - 14/163514445. html.

[21] 第七次全国森林资源清查主要结果(2004 - 2008 年). [EB/OL]. [2010 - 01 - 28]. http://